Manish Singh

Caminhos para os Objectivos de Desenvolvimento Sustentável

Manish Singh

Caminhos para os Objectivos de Desenvolvimento Sustentável

ScienciaScripts

Imprint

Any brand names and product names mentioned in this book are subject to trademark, brand or patent protection and are trademarks or registered trademarks of their respective holders. The use of brand names, product names, common names, trade names, product descriptions etc. even without a particular marking in this work is in no way to be construed to mean that such names may be regarded as unrestricted in respect of trademark and brand protection legislation and could thus be used by anyone.

Cover image: www.ingimage.com

This book is a translation from the original published under ISBN 978-620-7-80561-7.

Publisher:
Sciencia Scripts
is a trademark of
Dodo Books Indian Ocean Ltd. and OmniScriptum S.R.L publishing group

120 High Road, East Finchley, London, N2 9ED, United Kingdom
Str. Armeneasca 28/1, office 1, Chisinau MD-2012, Republic of Moldova, Europe
Printed at: see last page
ISBN: 978-620-7-77931-4

Caminhos para os Objectivos de Desenvolvimento Sustentável

Por

Sr. Manish Singh

Universidade de Amity, Noida, Uttar Pradesh, Índia

PREFÁCIO

"Pathways to Sustainable Development Goals" procura iluminar as diversas vias que conduzem a um mundo mais sustentável e equitativo. Este livro aborda os desafios globais prementes delineados pelos Objectivos de Desenvolvimento Sustentável (ODS) das Nações Unidas, fornecendo uma exploração abrangente das estratégias, políticas e inovações que podem impulsionar o progresso em direção a estas metas ambiciosas. Através de perspectivas interdisciplinares e estudos de casos de várias regiões, pretendemos realçar a natureza multifacetada do desenvolvimento sustentável e a interligação do bem-estar social, económico e ambiental. Os nossos colaboradores, oriundos do meio académico, da indústria e da sociedade civil, oferecem ideias sobre soluções práticas e abordagens transformadoras que podem ser adaptadas e adaptadas a diferentes contextos. Ao examinar tanto os sucessos como os reveses encontrados na prossecução dos ODS, este livro pretende servir como um recurso valioso para os decisores políticos, profissionais, investigadores e estudantes dedicados à promoção do desenvolvimento sustentável. Ao navegarmos pelas complexidades da implementação destes objectivos globais, esperamos que este trabalho inspire esforços de colaboração e pensamento inovador. Juntos, podemos traçar um rumo para um futuro em que a prosperidade, a equidade e a sustentabilidade estejam ao alcance de todos.

Sr. Manish Singh

CONTEÚDO

CAPÍTULO 1

Objetivo 1 - Não à pobreza

Jyoti Kataria

Escola de Engenharia e Tecnologia

K. R. Mangalam University, Gurugram, Haryana, Índia

Dhiraj Singh

Escola de Engenharia

ABES(IT), Ghaziabad, Uttar Pradesh, Índia

Introdução

A pobreza continua a ser um dos desafios mais persistentes e generalizados que a humanidade enfrenta. Apesar dos progressos significativos registados na tecnologia, na economia e no bem-estar social ao longo do último século, uma parte substancial da população mundial continua a debater-se com a pobreza. Os Objectivos de Desenvolvimento Sustentável (ODS) das Nações Unidas incluem o Objetivo 1: Erradicar a pobreza, que visa acabar com a pobreza em todas as suas formas, em todo o mundo, até 2030. Este ambicioso objetivo aborda não só a falta de rendimento, mas também várias dimensões da pobreza, incluindo a falta de acesso a serviços essenciais, a exclusão social e a vulnerabilidade a choques económicos, sociais e ambientais. Este capítulo analisa as nuances do Objetivo 1, examinando as suas metas, indicadores, desafios e potenciais estratégias para o alcançar.

Compreender a pobreza:

A pobreza é um fenómeno multifacetado que engloba dimensões económicas, sociais e políticas. É frequentemente definida como a falta de rendimentos e de recursos para assegurar uma subsistência sustentável. No entanto, a pobreza também inclui privações na saúde, na educação e nos padrões de vida, bem como a falta de participação nos processos de tomada de decisão. O Banco Mundial define a pobreza extrema como uma situação em que se vive com menos de 1,90 dólares por dia, um limiar que abrange as pessoas que enfrentam as dificuldades financeiras mais graves.

Dimensões da pobreza:

1. Pobreza de rendimentos: Esta é a medida mais simples, indicando os indivíduos ou agregados familiares que vivem abaixo de um determinado limiar de rendimento.

2. Pobreza multidimensional: Este conceito inclui várias privações vividas pelas pessoas pobres, tais como saúde precária, falta de educação, padrões de vida inadequados, desempoderamento, má qualidade do trabalho e ameaça de violência.

3. Pobreza relativa: Refere-se à situação económica de uma pessoa ou de uma família em comparação com o rendimento médio da sociedade. Põe em evidência as desigualdades no seio de uma sociedade.

4. Pobreza crónica: Pobreza persistente durante um longo período, muitas vezes transmitida através de gerações, prendendo as famílias num ciclo de pobreza.

Metas e Indicadores do Objetivo 1:

O Objetivo 1 dos ODS é abrangente, visando a erradicação da pobreza para todas as pessoas em todo o mundo, medida por várias metas e indicadores específicos:

Objetivo 1.1: Erradicar a pobreza extrema

Até 2030, erradicar a pobreza extrema para todas as pessoas em todo o mundo, atualmente medida como pessoas que vivem com menos de 1,90 dólares por dia. Este objetivo é monitorizado pela proporção da população que vive abaixo do limiar de pobreza internacional.

Meta 1.2: Reduzir a pobreza de acordo com as definições nacionais

Até 2030, reduzir pelo menos para metade a proporção de homens, mulheres e crianças de todas as idades que vivem na pobreza em todas as suas dimensões, de acordo com as definições nacionais. Este objetivo sublinha a necessidade de medidas de redução da pobreza específicas para cada país.

Meta 1.3: Implementar sistemas de proteção social

Aplicar sistemas e medidas de proteção social adequados a nível nacional para todos, incluindo os pisos, e, até 2030, alcançar uma cobertura substancial dos pobres e dos vulneráveis. Isto implica garantir o acesso a serviços essenciais e a redes de segurança social.

Objetivo 1.4: Igualdade de direitos aos recursos económicos

Até 2030, garantir que todos os homens e mulheres, em especial os pobres e vulneráveis, tenham direitos iguais aos recursos económicos, bem como acesso aos serviços básicos, à propriedade e ao controlo da terra e de outras formas de propriedade, à herança, aos recursos naturais, às novas tecnologias adequadas e aos serviços financeiros, incluindo o microfinanciamento.

Objetivo 1.5: Reforçar a capacidade de resistência

Até 2030, reforçar a capacidade de resistência dos pobres e das pessoas em situações vulneráveis e reduzir a sua exposição e vulnerabilidade a fenómenos extremos relacionados com o clima e a outros choques e catástrofes económicos, sociais e ambientais.

Objetivo 1.A: Mobilizar recursos

Assegurar a mobilização significativa de recursos de várias fontes, incluindo através do reforço da cooperação para o desenvolvimento, para fornecer meios adequados e previsíveis aos países em desenvolvimento, em particular aos países menos desenvolvidos, para implementar programas e políticas para acabar com a pobreza em todas as suas dimensões.

Meta 1.B: Quadros políticos favoráveis aos pobres e sensíveis ao género

Criar quadros políticos sólidos a nível nacional, regional e internacional, baseados em estratégias de desenvolvimento favoráveis aos pobres e sensíveis às questões de género, para apoiar o investimento acelerado em acções de erradicação da pobreza.

Desafios para a realização do Objetivo 1

A concretização das ambiciosas metas estabelecidas no âmbito do Objetivo 1 apresenta numerosos desafios, que vão desde os condicionalismos económicos às barreiras sociais e ambientais.

Desafios económicos

1. Desigualdade: A desigualdade económica, tanto no interior dos países como entre eles, agrava a pobreza. O fosso entre as riquezas significa que o crescimento económico não beneficia igualmente todos os segmentos da sociedade, deixando frequentemente para trás os mais pobres.

2. Desemprego: As elevadas taxas de desemprego e a falta de oportunidades de trabalho digno contribuem significativamente para a

pobreza. O crescimento económico tem de ser inclusivo e rico em emprego para tirar as pessoas da pobreza.

3. Crises económicas: As crises financeiras e económicas podem mergulhar um grande número de pessoas na pobreza. A pandemia de COVID-19, por exemplo, aumentou significativamente as taxas de pobreza em todo o mundo devido à perda de postos de trabalho e ao abrandamento económico.

Desafios sociais

1. Educação: A falta de acesso a uma educação de qualidade é simultaneamente uma causa e uma consequência da pobreza. A educação é fundamental para quebrar o ciclo da pobreza, mas muitas famílias pobres não têm meios para mandar os seus filhos à escola.

2. Saúde: Os maus resultados em matéria de saúde e a falta de acesso aos serviços de saúde são factores importantes que contribuem para a pobreza. Os problemas de saúde reduzem a produtividade e aumentam os custos dos cuidados de saúde, mantendo as pessoas na pobreza.

3.Exclusão social: Os grupos marginalizados enfrentam frequentemente discriminação e exclusão sistémicas, limitando as suas oportunidades e o acesso aos recursos necessários para escapar à pobreza.

Desafios ambientais

1. Alterações climáticas: A degradação ambiental e as alterações climáticas afectam de forma desproporcionada os pobres, que dependem frequentemente dos recursos naturais para a sua subsistência e vivem em zonas mais vulneráveis aos impactos climáticos.

2. Catástrofes naturais: As comunidades pobres estão frequentemente localizadas em zonas propensas a catástrofes e não dispõem dos recursos necessários para reconstruir as suas vidas após esses acontecimentos.

Governação e desafios políticos

1. Instabilidade política: Os conflitos e a instabilidade política perturbam as actividades económicas, deslocam as populações e destroem as infra-estruturas, empurrando as pessoas para a pobreza.

2. Corrupção: A corrupção desvia os recursos daqueles que mais precisam deles, prejudicando os esforços para reduzir a pobreza.

3. Sistemas de proteção social ineficazes**: As medidas de proteção social inadequadas não proporcionam uma rede de segurança para os mais vulneráveis, agravando a pobreza.

Estratégias para atingir o objetivo 1

A abordagem da natureza multifacetada da pobreza exige uma abordagem abrangente que envolva várias partes interessadas, incluindo governos, organizações internacionais, sociedade civil e sector privado.

Estratégias económicas

1. Crescimento económico inclusivo: É essencial promover um crescimento económico inclusivo que crie empregos e proporcione salários justos. As políticas devem centrar-se nos sectores que empregam um grande número de pessoas pobres, como a agricultura e as pequenas empresas.

2. Microfinanciamento e inclusão financeira: O acesso a serviços financeiros, incluindo o microfinanciamento, pode permitir aos pobres

criar e desenvolver empresas, gerir riscos e melhorar os seus meios de subsistência.

3. Investimento em infra-estruturas: A construção de infra-estruturas, como estradas, eletricidade e acesso à Internet, em zonas pobres e remotas pode estimular a atividade económica e criar emprego.

Estratégias sociais

1. Educação e formação de competências: O investimento na educação e na formação profissional pode dotar os indivíduos das competências necessárias para garantir empregos mais bem remunerados e melhorar as suas perspectivas económicas.

2. Acesso aos cuidados de saúde: Garantir o acesso a cuidados de saúde acessíveis e de qualidade pode melhorar os resultados em matéria de saúde e reduzir o ónus financeiro das despesas médicas para as famílias pobres.

3. Programas de proteção social: A expansão dos sistemas de proteção social, como as transferências de dinheiro, as pensões e os subsídios de desemprego, pode constituir uma rede de segurança para os pobres e reduzir a vulnerabilidade aos choques económicos.

Estratégias ambientais

1. Agricultura sustentável: A promoção de práticas agrícolas sustentáveis pode aumentar a produtividade, melhorar a segurança alimentar e reduzir a pobreza nas zonas rurais.

2. Resiliência climática: O reforço da resistência às alterações climáticas através de medidas como a melhoria das infra-estruturas, a redução do risco de catástrofes e a gestão sustentável dos recursos pode proteger os pobres dos choques ambientais.

3. Energias renováveis: O investimento em fontes de energia renováveis pode fornecer energia sustentável e a preços acessíveis às comunidades pobres, reduzindo a pobreza energética e melhorando o nível de vida.

Estratégias de governação e políticas

1. Reforço das instituições: A criação de instituições fortes e transparentes pode melhorar a governação, reduzir a corrupção e garantir que os recursos são efetivamente utilizados para reduzir a pobreza.

2. Paz e estabilidade: A promoção da paz e da estabilidade é fundamental para criar um ambiente propício ao desenvolvimento económico e à redução da pobreza.

3. Cooperação internacional: O reforço da cooperação e das parcerias internacionais pode mobilizar recursos e partilhar as melhores práticas para os esforços de redução da pobreza.

Estudos de caso

Estudo de caso 1: Programa Bolsa Família do Brasil

O Bolsa Família é um programa de transferência condicionada de renda no Brasil com o objetivo de reduzir a pobreza e a desigualdade. O programa fornece assistência financeira a famílias de baixo rendimento na condição de cumprirem determinados requisitos, tais como garantir que os seus filhos frequentam a escola e recebem vacinas. O Bolsa Família conseguiu tirar milhões de brasileiros da pobreza e melhorar os resultados na saúde e na educação. Destaca a importância de medidas de proteção social específicas e o papel do governo na redução da pobreza.

Estudo de caso 2: Microfinanciamento no Bangladesh

As instituições de microfinanciamento, como o Grameen Bank no Bangladesh, deram poder a milhões de pessoas pobres, em especial mulheres, concedendo-lhes pequenos empréstimos para criarem empresas. O microfinanciamento tem sido fundamental para reduzir a pobreza, promovendo o espírito empresarial, aumentando o rendimento e melhorando o nível de vida. O êxito do microfinanciamento no Bangladesh demonstra o potencial da inclusão financeira como instrumento de redução da pobreza.

Estudo de caso 3: Programa da Rede de Segurança Produtiva da Etiópia

O Programa da Rede de Segurança Produtiva (PSNP) da Etiópia é um dos maiores programas de proteção social em África. Fornece alimentos ou transferências monetárias a famílias com insegurança alimentar em troca da participação em projectos de obras públicas. O PSNP tem ajudado a reduzir a fome, a melhorar a segurança alimentar e a construir activos comunitários, como estradas e sistemas de irrigação. O programa ilustra a eficácia da combinação da proteção social com actividades produtivas para conseguir uma redução sustentável da pobreza.

CAPÍTULO 2

Objetivo 2 - Fome Zero

Jyoti Kataria

Escola de Engenharia e Tecnologia

K. R. Mangalam University, Gurugram, Haryana, Índia

Sudesh Singh

Escola de Engenharia

ABES(IT), Ghaziabad, Uttar Pradesh, Índia

Introdução

O objetivo 2 dos Objectivos de Desenvolvimento Sustentável (ODS) das Nações Unidas é "Fome Zero", que visa acabar com a fome, alcançar a segurança alimentar e uma melhor nutrição e promover uma agricultura sustentável. Este objetivo é fundamental, uma vez que aborda o direito humano fundamental a uma alimentação adequada e a necessidade de nutrição para o bem-estar geral. Alcançar o objetivo "Fome Zero" não é apenas fornecer calorias suficientes; também inclui o fornecimento de alimentos nutritivos, seguros e acessíveis a todas as pessoas em qualquer altura. Este capítulo explora a natureza multifacetada da Fome Zero, examinando as suas causas, impactos e os esforços globais necessários para atingir este objetivo ambicioso até 2030.

Compreender a fome e a subnutrição

A fome é definida como a angústia associada à falta de alimentos. Trata-se de uma questão complexa que vai para além da mera ingestão calórica, abrangendo a qualidade dos alimentos e a consistência da sua disponibilidade. A subnutrição, um conceito intimamente relacionado, refere-se a deficiências, excessos ou desequilíbrios na ingestão de nutrientes de uma pessoa. Pode manifestar-se sob a forma de subnutrição (atraso de crescimento, emaciação e carências de micronutrientes) e de sobrenutrição (obesidade e doenças não transmissíveis relacionadas com a alimentação).

Tipos de malnutrição

1. **Desnutrição**: Caracterizada por uma ingestão insuficiente de energia e nutrientes, manifesta-se sob formas como o definhamento (baixo peso para a altura), o atraso de crescimento (baixa altura para a idade) e o baixo peso (baixo peso para a idade). As deficiências de micronutrientes, como a anemia, também são prevalecentes.

2. **Sobrenutrição**: Envolve a ingestão excessiva de calorias, conduzindo ao excesso de peso, à obesidade e a doenças relacionadas com a alimentação, como a diabetes e as doenças cardiovasculares.

3. **Malnutrição por micronutrientes**: Envolve deficiências em vitaminas e minerais essenciais, cruciais para várias funções corporais, afectando milhares de milhões de pessoas em todo o mundo.

Causas da fome e da subnutrição

A fome e a subnutrição resultam de uma interação complexa de factores:

- **Pobreza**: O principal fator que limita o acesso aos alimentos.

- **Conflito**: Perturba a produção e a distribuição de alimentos.

- **Alterações climáticas**: Afectam a produtividade agrícola e a segurança alimentar.

- **Desigualdade económica**: Leva a uma distribuição desigual de alimentos.

- **Infra-estruturas deficientes**: Limita o acesso aos mercados e aos serviços.

- **Deficiências educativas**: Afectam os conhecimentos sobre nutrição e utilização de alimentos.

O contexto global

A fome é um desafio global com graves implicações para a saúde, a produtividade e a estabilidade económica. De acordo com a Organização das Nações Unidas para a Alimentação e a Agricultura (FAO), cerca de 690 milhões de pessoas estavam subnutridas em 2019, com os números a aumentar devido a factores como as recessões económicas, os conflitos e as alterações climáticas. A situação foi exacerbada pela pandemia da COVID-19, que perturbou as cadeias de abastecimento alimentar e aumentou a insegurança alimentar a nível mundial.

Variações regionais

1. **África Subsariana**: Enfrenta as taxas mais elevadas de fome e subnutrição devido à pobreza crónica, aos conflitos e à variabilidade climática.

2. **Sul da Ásia**: Também significativamente afetada, com elevados níveis de subnutrição infantil e insegurança alimentar.

3. **América Latina e Caraíbas**: a fome está a aumentar devido à instabilidade económica e aos fenómenos climáticos.

4. **Médio Oriente e Norte de África**: Os conflitos e a instabilidade política são os principais factores de fome.

5. **Países desenvolvidos**: Embora menos prevalente, a insegurança alimentar existe devido a desigualdades económicas e a problemas de acesso.

O papel da agricultura

A agricultura é fundamental para alcançar a Fome Zero. As práticas agrícolas sustentáveis podem aumentar a produção alimentar, garantir a sustentabilidade ambiental e proporcionar meios de subsistência a milhares de milhões de pessoas. No entanto, as práticas agrícolas modernas enfrentam frequentemente desafios relacionados com a sustentabilidade e a equidade.

Agricultura sustentável

A agricultura sustentável tem como objetivo satisfazer as necessidades alimentares e têxteis da sociedade sem comprometer a capacidade das gerações futuras de satisfazerem as suas próprias necessidades. Envolve práticas que mantêm e melhoram a fertilidade do solo, reduzem a utilização da água, minimizam os impactes ambientais e asseguram salários e condições justas para os trabalhadores.

Práticas-chave

1. **Agroecologia**: Integra princípios ecológicos nos sistemas agrícolas, promovendo a biodiversidade, a saúde do solo e a resiliência.

2. **Agroflorestação**: Combina culturas e árvores, aumentando a biodiversidade e a produtividade.

3. **Agricultura de conservação**: Centra-se na perturbação mínima do solo, na manutenção da cobertura do solo e nas rotações de culturas.

4. **Gestão Integrada de Pragas**: Reduz a dependência de pesticidas químicos, promovendo mecanismos naturais de controlo de pragas.

5. **Agricultura biológica**: Evita produtos químicos sintéticos, centrando-se em factores de produção e processos naturais.

Desafios e oportunidades

1. **Alterações climáticas**: Altera os padrões meteorológicos, afectando o rendimento das culturas e a segurança alimentar. As práticas e tecnologias de adaptação são cruciais.

2. **Escassez de água**: A gestão eficiente da água e as práticas de irrigação são essenciais para uma agricultura sustentável.

3. **Degradação do solo**: Abordada através de práticas como a rotação de culturas, as culturas de cobertura e as alterações orgânicas.

4. **Acesso aos mercados**: A melhoria das infra-estruturas e das políticas de comércio equitativo pode melhorar o acesso dos agricultores aos mercados.

5. **Inovações tecnológicas**: A agricultura de precisão, a biotecnologia e as ferramentas digitais oferecem oportunidades para aumentar a produtividade e a sustentabilidade.

Nutrição e segurança alimentar

Alcançar a Fome Zero exige uma abordagem holística da nutrição e da segurança alimentar. A segurança alimentar existe quando todas as pessoas têm acesso físico, social e económico a alimentos suficientes, seguros e nutritivos.

Componentes da segurança alimentar

1. **Disponibilidade**: Quantidades suficientes de alimentos disponíveis numa base consistente.

2. **Acesso**: Ter recursos suficientes para obter alimentos adequados para uma dieta nutritiva.

3. **Utilização**: Utilização biológica correcta dos alimentos, exigindo uma dieta com nutrientes adequados e condições sanitárias.

4. **Estabilidade**: Disponibilidade, acesso e utilização consistentes ao longo do tempo.

Estratégias para melhorar a nutrição

1. **Dietas diversificadas**: Incentivar o consumo de uma variedade de alimentos para garantir uma ingestão equilibrada de nutrientes essenciais.

2. **Fortificação**: Adição de vitaminas e minerais essenciais aos alimentos habitualmente consumidos.

3. **Suplementação**: Fornecimento de suplementos nutricionais específicos a populações vulneráveis.

4. **Educação nutricional**: Sensibilização para práticas alimentares saudáveis e para a preparação de alimentos.

5. **Redes de segurança social**: Programas como alimentação escolar, vales de alimentação e transferências condicionais de dinheiro para melhorar o acesso aos alimentos.

Política e governação

Políticas eficazes e estruturas de governação são essenciais para alcançar a Fome Zero. Os governos, as organizações internacionais e a sociedade civil devem colaborar para criar um ambiente propício à segurança alimentar e à nutrição.

Quadros e acordos internacionais

1. **Objectivos de Desenvolvimento Sustentável (ODS) das Nações Unidas**: O Objetivo 2 visa especificamente acabar com a fome, alcançar a segurança alimentar e melhorar a nutrição, e promover a agricultura sustentável.

2. **A Declaração de Roma sobre Segurança Alimentar Mundial**: Um compromisso para erradicar a fome em todos os países.

3. **O Acordo de Paris**: Aborda as alterações climáticas, que estão intrinsecamente ligadas à segurança alimentar.

4. **O Programa Global de Agricultura e Segurança Alimentar (GAFSP)**: Fornece financiamento para apoiar o desenvolvimento agrícola e a segurança alimentar em países de baixo rendimento.

Políticas nacionais

1. **Estratégias de segurança alimentar**: Planos abrangentes que integram o desenvolvimento agrícola, a nutrição e a proteção social.

2. **Políticas agrícolas**: Apoio a práticas sustentáveis, acesso ao mercado e inovação tecnológica.

3. **Políticas de nutrição**: Promoção de regimes alimentares saudáveis através da educação, da regulamentação e do apoio a grupos vulneráveis.

4. **Programas de proteção social**: Redes de segurança para proteger os mais vulneráveis da insegurança alimentar.

Governação e quadros institucionais

1. **Abordagens multissectoriais**: Colaboração entre os sectores da saúde, da agricultura, da educação e da proteção social.

2. **Governação descentralizada**: Capacitar os governos e as comunidades locais para enfrentar os desafios da segurança alimentar.

3. **Parcerias Público-Privadas**: Envolver os actores do sector privado nos esforços para melhorar os sistemas alimentares.

4. **Monitorização e avaliação**: Sistemas para acompanhar os progressos e adaptar as estratégias conforme necessário.

Abordagens tecnológicas e inovadoras

A inovação e a tecnologia desempenham um papel crucial na consecução da Fome Zero. Desde a melhoria da produtividade agrícola até à melhoria dos sistemas de distribuição alimentar, a tecnologia oferece inúmeras soluções.

Tecnologias agrícolas

1. **Agricultura de precisão**: Utiliza dados e tecnologia para otimizar as práticas agrícolas e a utilização de recursos.

2. **Organismos Geneticamente Modificados (OGM)**: Podem aumentar o rendimento das culturas, o conteúdo nutricional e a resistência a pragas e doenças.

3. **Agricultura inteligente face ao clima**: Práticas que aumentam a resiliência às alterações climáticas, reduzindo simultaneamente as emissões de gases com efeito de estufa.

4. **Agricultura vertical**: Cultivo de culturas em camadas empilhadas, frequentemente em ambientes urbanos, para reduzir a utilização do solo e aumentar a produção de alimentos.

5. **Aquaponia e Hidroponia**: Técnicas de cultivo sem solo que podem ser utilizadas em diversos ambientes.

Soluções digitais

1. **Aplicações móveis**: Fornecer aos agricultores informações sobre o clima, os preços de mercado e as melhores práticas.

2. **Tecnologia Blockchain**: Melhora a rastreabilidade e a transparência nas cadeias de abastecimento alimentar.

3. **Deteção remota e drones**: Monitorizar a saúde das culturas e gerir os recursos de forma eficiente.

4. **Plataformas de comércio eletrónico**: Melhorar o acesso dos pequenos agricultores ao mercado.

Iniciativas comunitárias e de base

As iniciativas comunitárias são vitais para combater a fome a nível local. Estas iniciativas aproveitam os conhecimentos e recursos locais para criar sistemas alimentares sustentáveis.

Abordagens baseadas na comunidade

1. **Hortas comunitárias**: Promover a produção local de alimentos e o envolvimento da comunidade.

2. **Cooperativas de agricultores**: Permitem aos pequenos agricultores reunir recursos e aceder aos mercados.

3. **Programas de alimentação escolar**: Melhorar a nutrição infantil e os resultados escolares.

4. **Sistemas alimentares locais**: Melhorar a segurança alimentar através de redes de produção e distribuição localizadas.

Empoderamento e reforço das capacidades

1. **Formação e educação**: Dotar os agricultores de conhecimentos e competências para uma agricultura sustentável.

2. **Empoderamento das mulheres**: A igualdade de género na agricultura pode melhorar a segurança alimentar e a nutrição.

3. **Envolvimento dos jovens**: O envolvimento dos jovens na agricultura assegura o futuro dos sistemas alimentares.

4. **Acesso ao crédito e aos recursos**: Apoio financeiro aos pequenos agricultores para que invistam em tecnologias que aumentem a produtividade.

Estudos de caso e melhores práticas

A análise de estudos de casos bem sucedidos fornece informações sobre estratégias eficazes para alcançar a Fome Zero.

Programa Fome Zero do Brasil

Lançado em 2003, o programa Fome Zero do Brasil integrou várias iniciativas para reduzir a fome e a pobreza. Os principais componentes incluíam transferências condicionais de dinheiro, programas de alimentação escolar e apoio à agricultura familiar. O programa reduziu significativamente a fome e a desnutrição, servindo de modelo para outros países.

A Revolução Verde na Ásia

A Revolução Verde, iniciada em meados do século XX, envolveu o desenvolvimento e a disseminação de variedades de culturas de elevado rendimento, uma melhor irrigação e técnicas agrícolas modernas. Esta revolução conduziu a um aumento significativo da produção alimentar na Ásia, nomeadamente na Índia e na China, reduzindo a fome e melhorando a segurança alimentar.

Programa da Rede de Segurança Produtiva da Etiópia

O Programa da Rede de Segurança Produtiva (PSNP) da Etiópia fornece alimentos e transferências monetárias a agregados familiares em situação de insegurança alimentar, ao mesmo tempo que os envolve em projectos de obras públicas que constroem bens comunitários. Esta abordagem melhorou a segurança alimentar, reforçou a resistência e reduziu a pobreza nas zonas rurais.

O movimento Scaling Up Nutrition (SUN)

O Movimento SUN, lançado em 2010, é uma iniciativa global para combater a malnutrição. Reúne governos, sociedade civil, sector privado e organizações internacionais para apoiar os esforços liderados pelos países na melhoria da nutrição. O SUN enfatiza uma abordagem multi-setorial, integrando a saúde, a agricultura, a educação e a proteção social.

Desafios e direcções futuras

Apesar dos progressos registados, continuam a existir desafios significativos na tentativa de alcançar a Fome Zero. Para enfrentar estes desafios, são necessários esforços globais concertados e soluções inovadoras.

Principais desafios

1. **Alterações climáticas**: Os padrões climáticos cada vez mais severos e imprevisíveis ameaçam a produção alimentar.

2. **Conflitos e instabilidade**: As guerras e a instabilidade política afectam os sistemas e o acesso aos alimentos.

3. **Desigualdade económica**: A desigualdade persistente agrava a insegurança alimentar e a subnutrição.

4. **Crescimento da população**: O aumento da população mundial aumenta a procura de alimentos.

5. **Esgotamento de recursos**: A exploração excessiva dos recursos naturais compromete a segurança alimentar a longo prazo.

Direcções futuras

1. **Adaptação e atenuação das alterações climáticas**: Integrar práticas resistentes ao clima e reduzir as emissões agrícolas.

2. **Crescimento inclusivo**: Assegurar que o crescimento económico beneficia todos os segmentos da sociedade, reduzindo as desigualdades.

3. **Cooperação global**: Reforçar as parcerias e os compromissos internacionais para acabar com a fome.

4. **Avanços tecnológicos**: Aproveitar as inovações para melhorar a produtividade e a sustentabilidade da agricultura.

5. **Política e governação**: Melhorar as estruturas de governação para apoiar estratégias de segurança alimentar abrangentes e coordenadas.

Alcançar a Fome Zero é um dos desafios globais mais prementes do nosso tempo. Exige uma abordagem holística e multifacetada que aborde as causas profundas da fome e da subnutrição. As práticas agrícolas sustentáveis, as políticas eficazes, as inovações tecnológicas e as iniciativas orientadas para a comunidade são componentes essenciais deste esforço. Embora tenham sido feitos progressos significativos, o empenhamento e a colaboração contínuos a todos os níveis são cruciais para garantir que ninguém é deixado para trás. Trabalhando em conjunto, podemos concretizar a visão de um mundo onde todos tenham acesso a alimentos suficientes, nutritivos e seguros e onde a fome seja verdadeiramente uma coisa do passado.

CAPÍTULO 3

Objetivo 3 - Boa saúde e bem-estar

Jyoti Kataria

Escola de Engenharia e Tecnologia

K. R. Mangalam University, Gurugram, Haryana, Índia

Vijay Singh

Escola de Engenharia e Tecnologia

Universidade de Amity, Uttar Pradesh, Índia

Introdução

O Objetivo 3 dos Objectivos de Desenvolvimento Sustentável (ODS) das Nações Unidas é "Boa Saúde e Bem-Estar", que visa assegurar uma vida saudável e promover o bem-estar para todos, em todas as idades. Este objetivo engloba uma vasta gama de metas relacionadas com a saúde, incluindo a redução da mortalidade materna e infantil, o combate às doenças infecciosas e a garantia de acesso universal aos serviços de saúde. Alcançar uma boa saúde e bem-estar é fundamental para o desenvolvimento sustentável, uma vez que tem um impacto direto nas dimensões económica, social e ambiental de uma sociedade. Este capítulo analisa a natureza multifacetada da saúde e do bem-estar, explorando os seus determinantes, o panorama da saúde mundial e os esforços necessários para atingir este objetivo crucial até 2030.

Compreender a saúde e o bem-estar

A saúde é um estado de completo bem-estar físico, mental e social e não apenas a ausência de doença ou enfermidade. O bem-estar vai para além da saúde, abrangendo a qualidade de vida e a satisfação globais. Para alcançar uma boa saúde e bem-estar, é necessário abordar um vasto leque de factores, incluindo o acesso aos cuidados de saúde, as condições ambientais, as escolhas de estilo de vida e os determinantes sociais.

Determinantes da saúde

1. **Factores biológicos**: A genética, a idade e o sexo influenciam o estado de saúde de um indivíduo.

2. **Factores comportamentais**: As escolhas de estilo de vida, como a alimentação, a atividade física, o tabagismo e o consumo de álcool, desempenham um papel importante na saúde.

3. **Factores sociais e económicos**: O rendimento, a educação, o emprego e os sistemas de apoio social afectam os resultados em termos de saúde.

4. **Factores ambientais**: As condições de vida, a poluição e o acesso a água potável e saneamento têm impacto na saúde.

5. **Serviços de saúde**: A disponibilidade, acessibilidade e qualidade dos serviços de saúde são fundamentais para manter a saúde e o bem-estar.

O panorama da saúde mundial

O panorama da saúde mundial caracteriza-se por progressos significativos e desafios persistentes. A esperança de vida aumentou e numerosas doenças infecciosas foram controladas. No entanto, continuam a existir disparidades nos resultados em matéria de saúde, devido a factores como a pobreza, a desigualdade e a insuficiência das infra-estruturas de cuidados de saúde.

Indicadores-chave de saúde

1. **Esperança de vida**: Uma medida do tempo médio que se espera que uma pessoa viva, reflectindo as condições gerais de saúde.

2. **Rácio de mortalidade materna**: O número de mortes maternas por 100.000 nados-vivos, indicando a qualidade dos cuidados de saúde maternos.

3. **Taxa de mortalidade infantil**: O número de mortes de crianças com menos de cinco anos por 1.000 nados-vivos, um indicador-chave da saúde e do desenvolvimento infantil.

4. **Prevalência de doenças infecciosas**: A ocorrência de doenças como o VIH/SIDA, a tuberculose e a malária.

5. **Doenças não transmissíveis (DNT)**: O peso das doenças crónicas como as doenças cardiovasculares, o cancro e a diabetes.

Tendências mundiais no domínio da saúde

1. **Doenças infecciosas**: Foram realizados progressos significativos na luta contra doenças como o VIH/SIDA, a malária e a tuberculose, mas subsistem desafios no que respeita à cobertura universal dos serviços de prevenção e tratamento.

2. **Doenças não transmissíveis**: As doenças não transmissíveis estão a aumentar a nível mundial, devido ao envelhecimento da população, à urbanização e às alterações do estilo de vida.

3. **Saúde mental**: Reconhecimento crescente da saúde mental como uma componente crítica do bem-estar geral, com uma maior sensibilização e esforços para combater as perturbações da saúde mental.

4. **Desigualdades na saúde**: Disparidades persistentes nos resultados de saúde entre países e dentro de cada país, frequentemente associadas ao estatuto socioeconómico, à localização geográfica e a outros determinantes sociais.

Saúde materna e infantil

A melhoria da saúde materno-infantil é uma prioridade central do Objetivo 3, uma vez que reflecte a eficácia global de um sistema de saúde e o bem-estar da sociedade.

Saúde materna

1. **Mortalidade materna**: As elevadas taxas de mortalidade materna indicam lacunas nos serviços de saúde, especialmente nos países com baixos rendimentos. Os factores incluem o acesso limitado a assistentes de parto qualificados, instalações de cuidados de saúde inadequadas e barreiras socioculturais.

2. **Cuidados pré-natais e pós-natais**: Garantir o acesso a cuidados completos durante e após a gravidez é crucial para a saúde das mães e dos bebés.

3. **Planeamento familiar**: O acesso aos serviços de saúde reprodutiva, incluindo a contraceção, é essencial para a saúde e a capacitação das mulheres.

Saúde infantil

1. **Mortalidade de bebés e crianças**: A redução das taxas de mortalidade requer a abordagem de causas como a desnutrição, as doenças infecciosas e os cuidados de saúde inadequados.

2. **Imunização**: Os programas de vacinação são vitais para prevenir doenças infecciosas e reduzir a mortalidade infantil.

3. **Nutrição**: Uma nutrição adequada é essencial para o desenvolvimento das crianças, com iniciativas centradas no aleitamento materno, na alimentação complementar e na suplementação com micronutrientes.

Combate às doenças infecciosas

As doenças infecciosas representam uma ameaça significativa para a saúde mundial, exigindo esforços coordenados para prevenir, diagnosticar e tratar.

Principais doenças infecciosas

1. **VIH/SIDA**: Os esforços a nível mundial registaram progressos significativos na redução da transmissão do VIH e na melhoria do acesso à terapêutica antirretroviral, mas subsistem desafios no que se refere à obtenção de uma cobertura universal e à luta contra o estigma.

2. **Malária**: As estratégias de controlo da malária, incluindo os mosquiteiros tratados com inseticida, a pulverização em recintos fechados e os tratamentos eficazes, reduziram a mortalidade, mas a resistência aos medicamentos e aos insecticidas coloca desafios constantes.

3. **Tuberculose (TB)**: A tuberculose continua a ser um importante problema de saúde pública, com esforços centrados na deteção precoce, no tratamento e no combate à tuberculose multirresistente.

4. **Doenças Infecciosas Emergentes**: Doenças como o Ébola, o Zika e a COVID-19 põem em evidência a necessidade de sistemas de saúde globais robustos e de vigilância para responder a surtos.

Estratégias para o controlo de doenças

1. **Vacinação**: Os programas de imunização são fundamentais para prevenir doenças infecciosas e obter imunidade de grupo.

2. **Vigilância e monitorização**: A existência de sistemas sólidos de rastreio de surtos de doenças e de monitorização das tendências sanitárias é essencial para intervenções atempadas.

3. **Acesso aos medicamentos**: Assegurar a disponibilidade e a acessibilidade dos preços dos medicamentos e vacinas essenciais.

4. **Educação para a saúde**: Sensibilização para a prevenção, o tratamento e a redução do estigma associado às doenças infecciosas.

Abordagem das doenças não transmissíveis

As doenças não transmissíveis (DNT) são uma das principais causas de morte a nível mundial, exigindo estratégias abrangentes de prevenção e gestão.

Principais doenças não transmissíveis

1. **Doenças cardiovasculares**: Principal causa de morte a nível mundial, associada a factores de risco como a hipertensão, o colesterol elevado, o tabagismo e o sedentarismo.

2. **Cancro**: Vários tipos de cancro requerem deteção precoce, acesso a tratamento e medidas preventivas, como a vacinação contra o HPV e a hepatite B.

3. **Diabetes**: Incidência crescente a nível mundial, impulsionada pela obesidade, má alimentação e falta de atividade física. A gestão inclui medicação, alterações do estilo de vida e monitorização.

4. **Doenças respiratórias crónicas**: Doenças como a asma e a doença pulmonar obstrutiva crónica (DPOC) exigem a gestão de factores de risco como o consumo de tabaco e a poluição atmosférica.

Estratégias de prevenção e controlo das doenças não transmissíveis

1. **Estilos de vida saudáveis**: Promoção de dietas equilibradas, atividade física e redução do consumo de tabaco e álcool.

2. **Deteção precoce e rastreio**: Programas de diagnóstico precoce das doenças não transmissíveis e de intervenção atempada.

3. **Acesso aos cuidados de saúde**: Assegurar a disponibilidade de medicamentos essenciais e de serviços de saúde de qualidade para a gestão das doenças não transmissíveis.

4. **Intervenções políticas**: Implementação de políticas para reduzir os factores de risco, tais como impostos sobre o tabaco e as bebidas açucaradas, e regulamentos sobre a publicidade a alimentos não saudáveis.

Saúde mental e bem-estar

A saúde mental é uma componente essencial do bem-estar geral, sendo cada vez mais reconhecida a necessidade de serviços e apoio abrangentes no domínio da saúde mental.

Perturbações de saúde mental

1. **Depressão e ansiedade**: Entre as perturbações de saúde mental mais comuns, afectam milhões de pessoas em todo o mundo. O tratamento eficaz inclui terapia, medicação e sistemas de apoio.

2. **Perturbações associadas ao consumo de substâncias**: Abordar a dependência e o abuso de substâncias através de estratégias de prevenção, tratamento e redução de danos.

3. **Doenças mentais graves**: Doenças como a esquizofrenia e a perturbação bipolar requerem uma gestão e apoio a longo prazo.

4. **Prevenção do suicídio**: As estratégias globais para reduzir as taxas de suicídio incluem o apoio à saúde mental, a redução do acesso aos meios e a sensibilização.

Estratégias de promoção da saúde mental

1. **Integração da saúde mental nos cuidados primários**: Assegurar que os serviços de saúde mental fazem parte dos cuidados de saúde de rotina.

2. **Abordagens baseadas na comunidade**: Tirar partido dos recursos comunitários e das redes de apoio para os cuidados de saúde mental.

3. **Reduzir o estigma**: Campanhas de sensibilização do público e educação para reduzir o estigma e a discriminação contra as condições de saúde mental.

4. **Acesso aos serviços**: Melhorar o acesso a profissionais de saúde mental, aconselhamento e serviços de apoio.

Cobertura universal de saúde

A Cobertura Universal de Saúde (CUS) é essencial para alcançar uma boa saúde e bem-estar, garantindo que todos os indivíduos tenham acesso aos serviços de saúde de que necessitam sem dificuldades financeiras.

Componentes da UHC

1. **Serviços abrangentes**: Uma gama de serviços que vão da prevenção ao tratamento e à reabilitação.

2. **Proteção financeira**: Assegurar que os custos dos cuidados de saúde não causam dificuldades financeiras.

3. **Qualidade dos cuidados**: Prestação de serviços de elevada qualidade que satisfaçam as necessidades das populações.

Estratégias para alcançar a cobertura universal de saúde

1. **Financiamento da saúde**: Implementação de mecanismos de financiamento sustentáveis, tais como impostos, regimes de seguro e ajuda internacional.

2. **Reforço dos sistemas de saúde**: Melhorar as infra-estruturas, a mão de obra e os sistemas de gestão dos cuidados de saúde.

3. **Equidade e inclusão**: Garantir que as populações marginalizadas e vulneráveis tenham acesso aos serviços de saúde.

4. **Monitorização e avaliação**: Acompanhamento dos progressos e ajustamento das estratégias para garantir uma aplicação efectiva.

Política e governação

Políticas e estruturas de governação eficazes são cruciais para alcançar uma boa saúde e bem-estar. Os governos, as organizações internacionais e a sociedade civil devem trabalhar em conjunto para criar um ambiente propício à saúde.

Quadros e acordos internacionais

1. **Objectivos de Desenvolvimento Sustentável (ODS) das Nações Unidas**: O Objetivo 3 visa especificamente garantir uma vida saudável e promover o bem-estar para todos, em todas as idades.

2. **O Quadro da Organização Mundial de Saúde (OMS)**: Fornece directrizes e apoio para iniciativas de saúde globais.

3. **A Declaração de Alma-Ata**: Destaca os cuidados de saúde primários como a chave para alcançar a saúde para todos.

4. **Plano de Ação Global para Vidas Saudáveis e Bem-Estar para Todos**: Esforços coordenados por várias agências para acelerar o progresso em direção ao ODS 3.

Políticas nacionais

1. **Políticas e estratégias de saúde**: Planos nacionais de saúde abrangentes que abordam a prevenção, o tratamento e a promoção da saúde.

2. **Infra-estruturas de cuidados de saúde**: Investimentos em instalações de cuidados de saúde, tecnologia e mão de obra.

3. **Campanhas de saúde pública**: Iniciativas de sensibilização e promoção de comportamentos saudáveis.

4. **Programas de proteção social**: Redes de segurança para garantir o acesso dos mais vulneráveis aos cuidados de saúde.

Governação e quadros institucionais

1. **Abordagens multissectoriais**: Colaboração entre os sectores da saúde, da educação, do ambiente e da proteção social.

2. **Governação descentralizada**: Capacitar os governos e as comunidades locais para enfrentarem os desafios da saúde.

3. **Parcerias Público-Privadas**: Envolver os actores do sector privado nas iniciativas de saúde.

4. **Monitorização e avaliação**: Sistemas para acompanhar os progressos e adaptar as estratégias conforme necessário.

Abordagens tecnológicas e inovadoras

A inovação e a tecnologia desempenham um papel crucial na obtenção de uma boa saúde e bem-estar. Desde a melhoria da prestação de cuidados de saúde até ao reforço da vigilância das doenças, a tecnologia oferece inúmeras soluções.

Tecnologias da saúde

1. **Telemedicina**: Diagnóstico e tratamento à distância através da tecnologia de telecomunicações, aumentando o acesso aos serviços de saúde.

2. **Registos de saúde electrónicos (RSE)**: Registos digitais que melhoram a eficiência e a qualidade dos serviços de saúde.

3. **Saúde móvel (mHealth)**: Utilização de dispositivos móveis para apoiar práticas e serviços de saúde, especialmente em zonas remotas.

4. **Dispositivos médicos e diagnósticos**: Inovações na tecnologia médica para um melhor diagnóstico, tratamento e monitorização de doenças.

Soluções digitais

1. **Sistemas de informação no domínio da saúde**: Sistemas integrados para gerir dados de saúde e melhorar a tomada de decisões.

2. **Inteligência Artificial (IA)**: Aplicações de IA em diagnósticos, planeamento de tratamentos e gestão da saúde.

3. **Análise de grandes volumes de dados**: Utilização de grandes conjuntos de dados para identificar tendências no domínio da saúde, melhorar os serviços e informar as políticas.

4. **Plataformas de saúde eletrónica**: Plataformas em linha que fornecem informações, serviços e apoio no domínio da saúde.

Iniciativas comunitárias e de base

As iniciativas orientadas para a comunidade são vitais para enfrentar os desafios em matéria de saúde a nível local. Estas iniciativas tiram partido dos conhecimentos e recursos locais para criar sistemas de saúde sustentáveis.

Abordagens baseadas na comunidade

1. **Agentes comunitários de saúde**: Indivíduos locais formados que prestam serviços básicos de saúde e educação.

2. **Cooperativas de saúde**: Organizações comunitárias que reúnem recursos para melhorar o acesso à saúde.

3. **Campanhas locais de saúde**: Iniciativas centradas na sensibilização e na promoção de comportamentos saudáveis.

4. **Medicina tradicional**: Integração das práticas de saúde tradicionais nos sistemas de saúde modernos.

Empoderamento e reforço das capacidades

1. **Formação e educação**: Fornecer aos profissionais de saúde e às comunidades conhecimentos e competências.

2. **Empoderamento das mulheres**: A igualdade entre os géneros nos serviços de saúde pode melhorar os resultados globais em matéria de saúde.

3. **Envolvimento dos jovens**: O envolvimento dos jovens nas iniciativas no domínio da saúde assegura a sustentabilidade dos sistemas de saúde.

4. **Acesso a recursos**: Apoio financeiro e técnico para projectos comunitários de saúde.

Estudos de caso e melhores práticas

A análise de estudos de casos bem sucedidos fornece informações sobre estratégias eficazes para alcançar uma boa saúde e bem-estar.

Reforço do sistema de saúde do Ruanda

O Ruanda registou progressos notáveis no domínio da saúde, concentrando-se na cobertura universal de saúde, reforçando a sua força de trabalho no sector da saúde e tirando partido dos agentes comunitários de saúde. Estes esforços conduziram a melhorias significativas na saúde materno-infantil, no controlo das doenças infecciosas e nos resultados gerais de saúde.

Cobertura universal de saúde na Tailândia

A implementação da cobertura universal de saúde na Tailândia, em 2002, permitiu melhorar os resultados no domínio da saúde e reduzir as dificuldades financeiras decorrentes dos custos dos cuidados de saúde. O sistema, financiado através de impostos gerais, oferece um pacote completo de serviços de saúde a todos os cidadãos.

Modelo cubano de cuidados de saúde primários

O sistema de saúde cubano, baseado num modelo sólido de cuidados de saúde primários, privilegia os cuidados preventivos, a participação da comunidade e a acessibilidade. Esta abordagem conduziu a indicadores de saúde impressionantes, incluindo baixas taxas de mortalidade infantil e uma elevada esperança de vida.

Missão Nacional de Saúde da Índia

A Missão Nacional de Saúde da Índia centra-se no reforço da prestação de cuidados de saúde, em especial nas zonas rurais. Iniciativas como a dos Activistas Sociais de Saúde Acreditados (ASHA) e a melhoria das infra-estruturas melhoraram o acesso aos serviços de saúde e reduziram a mortalidade materna e infantil.

Desafios e direcções futuras

Apesar dos progressos, continuam a existir desafios significativos na busca de uma boa saúde e bem-estar. Para enfrentar estes desafios, são necessários esforços globais concertados e soluções inovadoras.

Principais desafios

1. **Desigualdades na saúde**: Disparidades persistentes nos resultados em matéria de saúde, motivadas por factores socioeconómicos, geográficos e demográficos.

2. **Financiamento da saúde**: Assegurar o financiamento sustentável dos sistemas de saúde, nomeadamente nos países com baixos rendimentos.

3. **Escassez de mão de obra**: Resolver o problema da escassez global de profissionais de saúde e garantir formação e apoio adequados.

4. **Ameaças emergentes para a saúde**: Preparação e resposta a ameaças emergentes para a saúde, como as pandemias, a resistência antimicrobiana e o impacto das alterações climáticas na saúde.

Direcções futuras

1. **Reforço dos sistemas de saúde**: Investir em sistemas de saúde resilientes e adaptáveis, capazes de enfrentar os desafios actuais e futuros no domínio da saúde.

2. **Mecanismos de financiamento inovadores**: Exploração de novas fontes e modelos de financiamento para apoiar os sistemas de saúde e garantir a cobertura universal de saúde.

3. **Segurança sanitária mundial**: Reforçar a cooperação internacional e a preparação para responder às ameaças globais para a saúde.

4. **Políticas de saúde inclusivas e equitativas**: Assegurar que as políticas de saúde respondem às necessidades de todos os grupos da população, em especial dos mais vulneráveis.

Alcançar uma boa saúde e bem-estar é uma pedra angular do desenvolvimento sustentável. Exige uma abordagem holística que aborde as grandes determinantes da saúde, garanta o acesso a cuidados de saúde de qualidade e promova estilos de vida saudáveis. Embora tenham sido feitos progressos significativos, o empenhamento e a colaboração contínuos a todos os níveis são cruciais para garantir que todos tenham a oportunidade de viver uma vida saudável e gratificante. Trabalhando em conjunto, podemos concretizar a visão de um mundo onde a saúde e o bem-estar são acessíveis a todos, contribuindo para um futuro mais equitativo e próspero.

CAPÍTULO 4

Objetivo 4 - Educação de qualidade

Jyoti Kataria

Escola de Engenharia e Tecnologia

K. R. Mangalam University, Gurugram, Haryana, Índia

Deepak Singh

Escola de Engenharia

Universidade de Amity, Uttar Pradesh, Índia

Introdução

O Objetivo 4 dos Objectivos de Desenvolvimento Sustentável (ODS) das Nações Unidas é "Educação de Qualidade", que visa garantir uma educação de qualidade inclusiva e equitativa e promover oportunidades de aprendizagem ao longo da vida para todos. Este objetivo é fundamental, uma vez que a educação é um motor essencial para o desenvolvimento pessoal, social e económico. Alcançar uma educação de qualidade não significa apenas proporcionar o acesso à educação, mas também garantir que a educação seja significativa, eficaz e acessível a todos, independentemente das suas circunstâncias. Este capítulo explora as várias dimensões da Educação de Qualidade, a sua importância, os desafios enfrentados para a alcançar e os esforços globais necessários para atingir este objetivo até 2030.

Compreender a educação de qualidade

A educação de qualidade caracteriza-se por vários elementos fundamentais que garantem que os sistemas educativos proporcionam oportunidades de aprendizagem significativas e equitativas. Engloba o acesso, a pertinência, a equidade e os resultados da aprendizagem.

Componentes-chave da educação de qualidade

1. **Acesso**: Garantir que todas as crianças, independentemente da sua origem, tenham acesso a oportunidades educativas.

2. **Equidade**: Proporcionar um tratamento, oportunidades e progressos justos, esforçando-se simultaneamente por identificar e eliminar as barreiras que impediram a plena participação de alguns grupos.

3. **Relevância**: Assegurar que o conteúdo da educação é significativo, culturalmente relevante e prepara os alunos para a vida e o trabalho.

4. **Resultados de aprendizagem**: Centrar-se na aquisição de conhecimentos, competências, valores e atitudes necessários ao desenvolvimento holístico dos alunos e à sua contribuição efectiva para a sociedade.

Importância de uma educação de qualidade

1. **Crescimento económico**: As pessoas instruídas contribuem para o desenvolvimento económico através do aumento da produtividade e da inovação.

2. **Desenvolvimento social**: A educação fomenta a coesão social e a igualdade, reduzindo as disparidades e promovendo sociedades inclusivas.

3. **Saúde e bem-estar**: A educação melhora os resultados em matéria de saúde e aumenta a esperança de vida, promovendo estilos de vida mais saudáveis e o acesso a informações sobre cuidados de saúde.

4. **Capacitação**: A educação capacita os indivíduos, especialmente as mulheres e os grupos marginalizados, a participarem plenamente na vida social, económica e política.

O contexto global

Os sistemas educativos de todo o mundo enfrentam diversos desafios que afectam a sua capacidade de oferecer uma educação de qualidade. Estes desafios variam significativamente consoante as regiões e os países.

Panorama global da educação

1. **Matrículas e assiduidade**: Registaram-se progressos significativos no aumento das taxas de matrícula, nomeadamente a nível do ensino primário. No entanto, continuam a existir desafios para garantir a assiduidade e reduzir as taxas de abandono escolar.

2. **Qualidade da educação**: Muitas crianças frequentam a escola mas não adquirem competências básicas de literacia e numeracia. Existe um desfasamento entre as matrículas e os resultados efectivos da aprendizagem.

3. **Equidade na educação**: As disparidades baseadas no género, no estatuto socioeconómico, na deficiência e na geografia continuam a afetar o acesso a uma educação de qualidade.

4. **Qualidade dos professores**: A disponibilidade de professores bem formados, motivados e adequadamente apoiados é crucial para uma educação de qualidade.

Variações regionais

1. **África Subsariana**: Enfrenta desafios significativos em termos de matrículas, assiduidade e resultados de aprendizagem devido à pobreza, conflitos e infra-estruturas inadequadas.

2. **Ásia do Sul**: Taxas de matrícula elevadas, mas persistem problemas de qualidade e equidade, sobretudo nas zonas rurais.

3. **América Latina e Caraíbas**: Matrículas relativamente elevadas, mas subsistem desigualdades e problemas de qualidade.

4. **Médio Oriente e Norte de África**: A instabilidade política e os conflitos têm impacto no acesso à educação.

5. **Países desenvolvidos**: Questões como a desigualdade na educação, a qualidade e a integração da tecnologia na educação são proeminentes.

Educação de Infância

A educação na primeira infância (ECE) é fundamental para a aprendizagem e o desenvolvimento ao longo da vida. Uma ECE de qualidade garante que as crianças estão preparadas para a escola, promovendo o desenvolvimento cognitivo, emocional e social.

Importância da educação na primeira infância

1. **Desenvolvimento do cérebro**: Os primeiros anos são críticos para o desenvolvimento do cérebro, lançando as bases para a aprendizagem futura.

2. **Preparação para a escola**: A EPI prepara as crianças para o ensino primário, reduzindo as taxas de abandono escolar e melhorando o desempenho académico.

3. **Competências sociais**: A educação precoce promove a socialização e o desenvolvimento de competências sociais essenciais.

4. **Equidade**: Proporcionar uma EPI de qualidade pode ajudar a reduzir as disparidades e dar a todas as crianças um começo de vida justo.

Desafios na educação da primeira infância

1. **Acesso e disponibilidade**: Em muitas regiões, o acesso à EPI é limitado, particularmente para as comunidades marginalizadas e rurais.

2. **Qualidade dos programas de ECE**: A variabilidade na qualidade dos programas de EPI pode afetar os resultados.

3. **Formação e apoio aos educadores**: A formação e o apoio adequados aos educadores da primeira infância são cruciais para uma EPI eficaz.

4. **Envolvimento dos pais**: O envolvimento dos pais e encarregados de educação no ensino precoce pode melhorar os resultados.

Ensino primário e secundário

O ensino primário e secundário constitui a base dos sistemas de educação formal, proporcionando conhecimentos e competências essenciais.

Garantir o acesso e a equidade

1. **Inscrição universal**: Esforços para garantir que todas as crianças se matriculem no ensino primário e secundário.

2. **Reduzir as taxas de abandono escolar**: Estratégias para manter as crianças na escola e reduzir as taxas de abandono escolar.

3. **Educação inclusiva**: Assegurar que os sistemas de ensino acomodam todos os alunos, incluindo os que têm deficiências e os que pertencem a grupos marginalizados.

Melhorar a qualidade e os resultados da aprendizagem

1. **Desenvolvimento curricular**: Assegurar que os currículos são relevantes, inclusivos e orientados para o desenvolvimento holístico.

2. **Formação de professores e desenvolvimento profissional**: Fornecer formação contínua e apoio aos professores para melhorar a qualidade do ensino.

3. **Avaliação e avaliação**: Implementação de sistemas de avaliação eficazes para monitorizar os resultados da aprendizagem e informar as práticas de ensino.

4. **Utilização da tecnologia**: Tirar partido da tecnologia para melhorar as experiências de ensino e aprendizagem.

Ensino superior e aprendizagem ao longo da vida

O ensino superior e a aprendizagem ao longo da vida são fundamentais para o desenvolvimento pessoal e profissional num mundo em rápida mutação.

Acesso ao ensino superior

1. **Acessibilidade de preços**: Garantir que o ensino superior seja económico e acessível a todos, em especial aos grupos sub-representados.

2. **Diversidade e Inclusão**: Promover a diversidade nas instituições de ensino superior para refletir a demografia da sociedade.

Qualidade e pertinência

1. **Relevância do currículo**: Alinhar os programas de ensino superior com as necessidades do mercado de trabalho e os desafios da sociedade.

2. **Investigação e inovação**: Promover a investigação e a inovação como componentes essenciais do ensino superior.

3. **Garantia de qualidade**: Implementação de mecanismos sólidos de garantia de qualidade para manter padrões elevados.

Aprendizagem ao longo da vida

1. **Desenvolvimento profissional contínuo**: Incentivar a aprendizagem contínua e o desenvolvimento de competências ao longo da carreira de um indivíduo.

2. **Programas de educação de adultos**: Proporcionar oportunidades aos adultos para adquirirem novas competências e conhecimentos.

3. **Percursos de aprendizagem flexíveis**: Criar percursos de aprendizagem flexíveis que se adaptem às diversas necessidades e horários dos alunos.

Política e governação

A existência de políticas e estruturas de governação eficazes é essencial para criar um ambiente propício a uma educação de qualidade.

Quadros e acordos internacionais

1. **Objectivos de Desenvolvimento Sustentável (ODS) das Nações Unidas**: O Objetivo 4 visa especificamente garantir uma educação

de qualidade inclusiva e equitativa e promover oportunidades de aprendizagem ao longo da vida para todos.

2. **Objectivos da Educação para Todos (EPT)**: Um compromisso global para fornecer educação básica de qualidade a todas as crianças, jovens e adultos.

3. **A Parceria Mundial para a Educação (PGE)**: Uma parceria multi-setorial centrada no reforço dos sistemas de ensino nos países em desenvolvimento.

Políticas nacionais

1. **Políticas e estratégias de educação**: Desenvolver políticas de educação nacionais abrangentes que abordem o acesso, a equidade, a qualidade e a pertinência.

2. **Financiamento e afetação de recursos**: Assegurar um financiamento adequado e uma afetação eficaz dos recursos para a educação.

3. **Políticas para professores**: Implementação de políticas que apoiem o recrutamento, a formação, a retenção e o desenvolvimento profissional dos professores.

Governação e quadros institucionais

1. **Governação descentralizada**: Capacitar as autoridades locais para gerir e aplicar as políticas de educação.

2. **Parcerias Público-Privadas**: Envolver os actores do sector privado nos esforços para melhorar os sistemas de ensino.

3. **Monitorização e avaliação**: Sistemas para acompanhar os progressos e adaptar as estratégias conforme necessário.

Abordagens tecnológicas e inovadoras

A inovação e a tecnologia desempenham um papel crucial na transformação dos sistemas educativos e na melhoria do acesso e da qualidade.

Tecnologias Educativas

1. **Plataformas de e-learning**: Plataformas em linha que permitem o acesso a recursos educativos e cursos.

2. **Ferramentas de aprendizagem interactivas**: Ferramentas digitais que melhoram a aprendizagem interactiva e experimental.

3. **Inteligência Artificial na Educação**: Aplicações de IA que proporcionam experiências de aprendizagem personalizadas e apoio.

Inclusão digital

1. **Acesso a dispositivos e conetividade**: Assegurar que todos os alunos têm acesso aos dispositivos necessários e à ligação à Internet.

2. **Literacia digital**: Promover competências de literacia digital entre estudantes e educadores.

3. **Conteúdos digitais inclusivos**: Desenvolver conteúdos digitais que sejam acessíveis e relevantes para diversos alunos.

Iniciativas comunitárias e de base

As iniciativas orientadas para a comunidade são vitais para enfrentar os desafios educativos a nível local. Estas iniciativas tiram partido dos conhecimentos e recursos locais para criar soluções sustentáveis e específicas ao contexto.

Abordagens baseadas na comunidade

1. **Escolas comunitárias**: Escolas criadas e geridas pelas comunidades locais para responder a necessidades educativas específicas.

2. **Associações de pais e professores**: Envolver os pais na gestão da escola e nos processos de tomada de decisão.

3. **Fundos locais para a educação**: Fundos liderados pela comunidade que apoiam iniciativas e infra-estruturas no domínio da educação.

Empoderamento e reforço das capacidades

1. **Formação e desenvolvimento**: Fornecer formação aos membros da comunidade para que assumam papéis activos na educação.

2. **Iniciativas de educação das mulheres**: Programas que se centram especificamente na educação de raparigas e mulheres.

3. **Envolvimento dos jovens**: Envolver os jovens no planeamento e na implementação de projectos educativos.

Estudos de caso e melhores práticas

A análise de estudos de casos bem sucedidos permite conhecer estratégias eficazes para alcançar uma educação de qualidade.

O sistema educativo da Finlândia

A Finlândia é conhecida pelo seu sistema educativo de elevada qualidade, caracterizado pela igualdade de oportunidades, por professores altamente qualificados e por um enfoque no bem-estar dos alunos e no desenvolvimento holístico. As principais características incluem testes padronizados mínimos, ênfase no jogo e na criatividade e um forte apoio aos professores.

Reformas do ensino em Singapura

O sistema educativo de Singapura foi objeto de reformas significativas centradas na qualidade, relevância e equidade. O país investiu fortemente na formação de professores, no desenvolvimento de currículos e na integração da tecnologia na educação, o que se traduziu num elevado desempenho académico e em fortes resultados de aprendizagem.

Programa de ensino primário gratuito no Quénia

Lançado em 2003, o programa de ensino primário gratuito (FPE) do Quénia aboliu as propinas escolares para o ensino primário, aumentando significativamente as taxas de matrícula. O programa tem enfrentado desafios, como a sobrelotação e as limitações de recursos, mas tem feito progressos notáveis na melhoria do acesso à educação.

A Parceria Mundial para a Educação (PGE)

A PGE apoia a educação nos países em desenvolvimento, reforçando os sistemas educativos e garantindo que todas as crianças tenham acesso a uma educação de qualidade. Centra-se na educação inclusiva e equitativa, na melhoria dos resultados de aprendizagem e na criação de sistemas educativos resistentes.

Desafios e direcções futuras

Apesar dos progressos registados, continuam a existir desafios significativos na busca de uma educação de qualidade. Para enfrentar estes desafios, são necessários esforços globais concertados e soluções inovadoras.

Principais desafios

1. **Restrições de recursos**: Muitos sistemas educativos carecem de financiamento e de recursos adequados.

2. **Escassez de professores**: Existe uma escassez global de professores formados e motivados.

3. **Défices de infra-estruturas**: As infra-estruturas deficientes impedem um ensino e uma aprendizagem eficazes.

4. **Conflitos e instabilidade**: As guerras e a instabilidade política afectam os sistemas educativos.

5. **Fosso tecnológico**: A desigualdade de acesso à tecnologia agrava as desigualdades no domínio da educação.

Direcções futuras

1. **Aumento do investimento**: O investimento sustentado na educação é crucial para melhorar o acesso e a qualidade.

2. **Apoio e desenvolvimento dos professores**: Melhorar as estratégias de formação, motivação e retenção de professores.

3. **Melhoria das infra-estruturas**: Investir em infra-estruturas educativas, incluindo ambientes de aprendizagem seguros e propícios.

4. **Integração da tecnologia**: Tirar partido da tecnologia para melhorar o acesso e os resultados da aprendizagem.

5. **Colaboração global**: Reforçar as parcerias e os compromissos internacionais para garantir uma educação de qualidade, inclusiva e equitativa.

Alcançar uma educação de qualidade é um dos desafios globais mais importantes do nosso tempo. Exige uma abordagem holística e multifacetada que aborde as causas profundas das disparidades educativas e garanta oportunidades de aprendizagem significativas e equitativas para todos. As práticas educativas sustentáveis, as políticas eficazes, as inovações tecnológicas e as iniciativas orientadas para a comunidade são componentes essenciais deste esforço. Embora tenham sido feitos progressos significativos, o empenhamento e a colaboração contínuos a todos os níveis são cruciais para garantir que ninguém é deixado para trás. Trabalhando em conjunto, podemos concretizar a visão de um mundo onde todos têm acesso a uma educação inclusiva, equitativa e de elevada qualidade e onde a aprendizagem se torna verdadeiramente uma viagem ao longo da vida.

CAPÍTULO 5

Objetivo 6 - Água potável e saneamento

Jyoti Kataria

Escola de Engenharia e Tecnologia

K. R. Mangalam University, Gurugram, Haryana, Índia

Gaurav Kansal

Escola de Engenharia

ABES(IT), Ghaziabad, Uttar Pradesh, Índia

Introdução

O Objetivo de Desenvolvimento Sustentável 6 (ODS 6), "Água potável e saneamento", é um importante programa mundial lançado pelas Nações Unidas para resolver os graves problemas de disponibilidade de água, higiene e saneamento. Até 2030, o objetivo é garantir o acesso universal à água e ao saneamento, bem como a sua gestão sustentável.

No seu cerne, o ODS 6 reconhece o papel crítico da água e do saneamento no bem-estar humano, na saúde pública e na sustentabilidade ambiental. Os objectivos estabelecidos neste objetivo abordam uma variedade de desafios, incluindo o acesso a fontes de água limpa e o desenvolvimento de instalações sanitárias adequadas. Um dos principais objectivos é proporcionar um acesso universal e equitativo a água potável limpa e barata. Isto inclui não só melhorar o acesso da população mundial à água potável, mas também garantir que as pessoas desfavorecidas e marginalizadas beneficiem de melhores fontes de água. Além disso, o objetivo sublinha a necessidade de uma gestão sustentável da água, reconhecendo que a escassez e a poluição da água representam graves perigos para os ecossistemas e a saúde humana.

Em termos de saneamento, o ODS 6 procura eliminar a defecação ao ar livre, garantir o acesso a serviços de saneamento básico e implementar um tratamento eficiente das águas residuais. Um saneamento adequado é fundamental para evitar infecções transmitidas pela água e garantir a saúde da comunidade. O objetivo reconhece a necessidade de soluções criativas e de longo prazo, como a tecnologia de tratamento de águas residuais que pode reduzir com sucesso a poluição.

Para acompanhar os progressos, são utilizadas medidas como a percentagem da população que utiliza serviços de saneamento geridos corretamente e a proporção de águas residuais que são tratadas de forma segura. Subsistem várias dificuldades, nomeadamente a desigualdade de acesso.

 O acesso a serviços de água e saneamento, a insuficiência de infra-estruturas em certas áreas e os efeitos das alterações climáticas no abastecimento   de   água.
 Os esforços bem-sucedidos do ODS 6 exigem frequentemente a colaboração entre governos, organizações não governamentais (ONG) e o sector comercial. Isto pode envolver o investimento em infra-estruturas, a implementação de tecnologias de conservação e purificação da água e o incentivo à educação sobre higiene. Em geral, o ODS 6 actua como um estímulo para os esforços globais para garantir que todos tenham acesso a água potável e saneamento, beneficiando não só os resultados de saúde, mas também o desenvolvimento sustentável e a gestão ambiental. Escassez de água e questões de acesso

A escassez de água e as más condições de saneamento representam um dilema complicado e grave para milhares de milhões de pessoas em todo o mundo, especialmente nos países emergentes. Com o aumento da população, a expansão das cidades e a aceleração das alterações climáticas, a procura de água aumenta, agravando os problemas existentes.

Escassez de água: A escassez de água é um problema importante que afecta muitas nações em todo o mundo. Ocorre quando a procura de água excede a oferta disponível, ou quando técnicas inadequadas de gestão da água causam o esgotamento dos recursos. Atualmente, cerca de 2,2 mil milhões de pessoas não têm acesso a água potável segura e muitas mais sofrem de escassez ocasional. Nas regiões secas e semi-áridas, a situação é especialmente grave, com populações dependentes de abastecimentos limitados de água para as necessidades quotidianas. Desafios de saneamento: As infra-estruturas e práticas de saneamento inadequadas põem em perigo a saúde pública e o ambiente. Uma parte significativa da população mundial não tem acesso a serviços de saneamento básico, o que resulta na defecação a céu aberto e na poluição das reservas de água. Segundo a Organização Mundial de Saúde , cerca de 4,2 mil milhões de pessoas não têm acesso a um bom saneamento, o que contribui para o desenvolvimento de doenças transmitidas pela água, como a cólera e a disenteria.

Impacto na saúde e no desenvolvimento: A falta de acesso a água potável e a saneamento tem graves repercussões na saúde humana e no desenvolvimento socioeconómico. Todos os anos, as infecções transmitidas pela água matam milhões de pessoas que poderiam ter evitado a morte, sobretudo crianças de zonas desfavorecidas. A falta de acesso a instalações sanitárias leva a maus hábitos de higiene, o que perpetua o ciclo de doença e pobreza. A educação das raparigas é especialmente prejudicada, uma vez que faltam frequentemente à escola devido à falta de privacidade e de instalações higiénicas. Alterações climáticas e stress hídrico: As alterações climáticas agravam os problemas de escassez de água. A alteração dos padrões de precipitação, o aumento das temperaturas e os fenómenos meteorológicos extremos têm um impacto no abastecimento e na distribuição da água. As alterações nos caudais dos rios e no degelo dos glaciares têm influência nas regiões que dependem destas fontes de abastecimento de água. A combinação das alterações climáticas e do stress hídrico aumenta a vulnerabilidade das populações que já lutam com recursos inadequados. Enfrentar os desafios: O combate à escassez global de água e aos problemas de saneamento requer uma estratégia abrangente e coordenada. Os métodos de gestão sustentável da água, os investimentos em infra-estruturas hídricas e o desenvolvimento de novas tecnologias são fundamentais. A promoção da conservação da água, a utilização de tecnologias de irrigação eficazes na agricultura e a garantia de igualdade de acesso aos serviços de água e saneamento são componentes fundamentais de uma abordagem global. Além disso, os programas de educação e sensibilização desempenham um papel importante na promoção de práticas adequadas de utilização da água e de saneamento a nível individual e comunitário. As preocupações mundiais com a escassez de água e a falta de saneamento exigem atenção imediata e acções coordenadas por parte dos governos, das organizações

internacionais

e das comunidades locais. Abordar estas questões é fundamental não só para proteger a saúde pública, mas também para atingir objectivos mais amplos de desenvolvimento sustentável.

Importância da água limpa para a saúde e o desenvolvimento sustentável A água limpa é um recurso crítico para a saúde humana e o desenvolvimento sustentável, com aplicações em muitas áreas da vida. A sua importância vai para além da sobrevivência fundamental, incluindo a saúde pública, a produtividade económica, a sustentabilidade ambiental e o bem-estar social. Prevenção de doenças de saúde pública : O acesso à água potável é fundamental para a prevenção de doenças transmitidas pela água, incluindo a cólera, a disenteria e a febre tifoide. O abastecimento de água contaminada contribui grandemente para o desenvolvimento de doenças infecciosas, especialmente em países empobrecidos. A água limpa é uma proteção fundamental contra muitas doenças e promove a saúde pública em geral. Nutrição e higiene: A água potável é necessária para uma boa nutrição e higiene. Garante a segurança da preparação dos alimentos, da higiene pessoal e dos procedimentos sanitários. Um abastecimento de água adequado facilita a lavagem das mãos, que é uma forma simples e eficaz de reduzir a propagação de doenças infecciosas. Produtividade económica

A agricultura necessita de água potável para sustentar as culturas e os animais. A irrigação requer o acesso a fontes de água fiáveis, e os métodos de gestão sustentável da água são fundamentais para garantir a segurança alimentar e a estabilidade económica.

Processos industriais: As indústrias utilizam a água para uma variedade de processos e a disponibilidade de água limpa está intimamente relacionada com a produção económica. O acesso aos recursos hídricos promove a produção industrial, a produção de energia e outras actividades industriais que são essenciais para o crescimento económico. Sustentabilidade Ambiental

Ambiente

Saúde: A água limpa é essencial para um ambiente saudável. A disponibilidade de água potável é fundamental para os habitats aquáticos, a biodiversidade e o equilíbrio geral dos ecossistemas. A poluição e a escassez de água podem degradar os ecossistemas e reduzir a biodiversidade.

Regulação do ciclo da água: A disponibilidade adequada de água ajuda a regular o ciclo da água na Terra. As características naturais, como as florestas e as zonas húmidas, ajudam a reter, filtrar e distribuir a água. A proteção do abastecimento de água e dos ecossistemas naturais é importante para apoiar esta função planetária vital.

Bem-estar social

O acesso à água potável promove o desenvolvimento da comunidade. O abastecimento fiável de água ajuda a construir escolas, instalações de cuidados de saúde e outras infra-estruturas essenciais, o que promove o bem-estar geral e a qualidade de vida. Empoderamento das mulheres: Em muitos países, as mulheres e as raparigas são responsáveis pela recolha de água. O acesso a água potável alivia a sua carga, libertando tempo para a educação, actividades geradoras de rendimentos e participação na comunidade. Isto promove o empoderamento das mulheres e a justiça social.

ODS 6: Metas e Indicadores

Meta 6.1: Assegurar o acesso universal e equitativo a água potável segura e a preços acessíveis.

Indicador 6.1.1: A proporção da população que utiliza serviços de água potável.

Globalmente, tem-se trabalhado para melhorar o acesso à água potável. Muitos locais registaram progressos substanciais, com mais pessoas a terem acesso a melhores fontes de água. Os esforços para fornecer água canalizada às famílias, as instalações de tratamento de água e as estações de água comunitárias permitiram realizar progressos. Desafios: Subsistem disparidades, especialmente nas zonas rurais e nas regiões urbanas desfavorecidas. A má qualidade da água, a falta de infra-estruturas e os investimentos insuficientes no sector da água constituem obstáculos ao acesso universal. Meta 6.2: Garantir que todas as pessoas tenham acesso a saneamento e higiene adequados e equitativos.

Indicador 6.2.1: A proporção da população que utiliza serviços de saneamento seguro, tais como uma estação de lavagem de mãos com água e sabão. Tem havido sucesso no aumento do acesso a instalações de saneamento e no incentivo a comportamentos higiénicos. Uma maior sensibilização e iniciativas para criar casas de banho e instalações sanitárias ajudaram a melhorar as condições. Desafios: O acesso ao saneamento continua a ser um problema importante, especialmente nas comunidades rurais e urbanas informais. A defecação a céu aberto, a falta de instalações de saneamento básico e a educação inadequada em matéria de higiene continuam a impedir o progresso.

Objetivo 6.3: Melhorar a qualidade da água, o tratamento das águas residuais e a reutilização segura.

Indicador 6.3.1: A proporção de águas residuais que foram tratadas com segurança.

Indicador 6.3.2: A proporção de massas de água com uma qualidade ambiente aceitável.

Progresso: Tem-se trabalhado para melhorar o tratamento das águas residuais, especialmente nas áreas metropolitanas. Alguns locais adoptaram medidas para minimizar a poluição e melhorar a qualidade da água nos rios e lagos.

Desafios: Infra-estruturas inadequadas de tratamento de águas residuais resultam frequentemente na contaminação da água. As descargas industriais, o escoamento agrícola e as águas residuais não tratadas constituem problemas para obter e manter uma qualidade de água aceitável.

Meta 6.4: Melhorar a eficiência no uso da água e garantir retiradas sustentáveis

Indicador 6.4.1: Tendências na eficiência do uso da água ao longo do tempo.

Progresso: Foram envidados alguns esforços para promover a eficiência da utilização da água, nomeadamente na agricultura. A utilização de tecnologias como a irrigação por gotejamento e a melhoria dos métodos de gestão da água ajudaram a promover uma utilização mais sustentável da água.

Desafios: A agricultura continua a ser um dos principais utilizadores de água e persistem técnicas de irrigação ineficientes. Muitos locais continuam a debater-se com a necessidade de equilibrar o aumento da procura de água com retiradas sustentáveis. Objetivo 6.5: Implementar a gestão integrada dos recursos hídricos (GIRH) a todos os níveis.

Indicador 6.5.1: Nível de implementação da GIRH. Foram feitos progressos na implementação dos conceitos de GIRH, com certas regiões a adoptarem abordagens integradas à gestão dos recursos hídricos. Alguns locais têm agora estruturas de governação colaborativas e processos participativos em vigor.

Desafios: A implementação da GIRH é desigual em todo o mundo. Para colher plenamente os benefícios da gestão integrada dos recursos hídricos, muitas áreas necessitam de maior capacidade institucional, envolvimento dos intervenientes e colaboração intersectorial.

Meta 6.6: Proteger e restaurar os ecossistemas relacionados com a água Indicador 6.6.1: Alteração da dimensão dos ecossistemas relacionados com a água ao longo do tempo. Foram alcançados progressos na proteção e recuperação de habitats relacionados com a água, tais como zonas húmidas, rios e lagos. Algumas zonas desenvolveram medidas de conservação e práticas sustentáveis de utilização dos solos para proteger os ambientes aquáticos. Desafios: A urbanização, a desflorestação e as alterações climáticas continuam a ter influência nos ecossistemas aquáticos. O equilíbrio entre os objectivos de desenvolvimento e a conservação ambiental continua a ser uma luta. Meta 6.A: Aumentar a cooperação internacional e a capacitação.

Indicador 6.A.1: Ajuda pública ao desenvolvimento (APD) relacionada com a água e o saneamento, em percentagem do PIB.

Progresso: A colaboração internacional resultou em acordos para financiar projectos de água e saneamento em países subdesenvolvidos. A APD ajudou a criar infra-estruturas, a melhorar o acesso e a aumentar a capacidade institucional em alguns locais.

Desafios: O nível de APD para a água e o saneamento flutua e é necessário um financiamento contínuo e adicional. Continua a ser difícil coordenar os esforços multinacionais para resolver os problemas mundiais da água.

Objetivo 6.B: Incentivar a participação local na gestão da água e do saneamento.

Indicador 6.B.1: A proporção de unidades administrativas locais que conceberam e implementaram políticas e procedimentos para o envolvimento da comunidade na gestão da água e do saneamento.

Êxito: Tem havido algum sucesso no incentivo à participação local na gestão da água e do saneamento. Foram introduzidas técnicas participativas e o envolvimento da comunidade em algumas áreas.

Desafios: Em muitos locais, é necessário reforçar as estruturas e os procedimentos da administração local para o envolvimento da comunidade. A criação de capacidades locais e a manutenção da inclusão na tomada de decisões são questões permanentes.

Inovações na gestão da água

As inovações na gestão da água são fundamentais para resolver problemas como a escassez de água, a poluição e a utilização sustentável dos recursos. Estes avanços englobam tecnologia, políticas e soluções baseadas na comunidade. Eis alguns avanços importantes na gestão da água:

Tecnologias inteligentes para a água: A integração de tecnologias inteligentes, como sensores, análise de dados e dispositivos da Internet das Coisas (IoT), permite a monitorização em tempo real da qualidade e do consumo de água. Este conhecimento é útil na atribuição eficiente de recursos, na deteção de fugas e na reação atempada a possíveis preocupações. Os exemplos incluem contadores inteligentes que monitorizam a utilização da água, sistemas de irrigação automática e monitores da qualidade da água.

Tecnologias de dessalinização: A dessalinização é uma técnica que elimina o sal e os contaminantes da água salgada, proporcionando assim um abastecimento de água doce em zonas onde a água é escassa. Os avanços da tecnologia de dessalinização, como a osmose inversa e a dessalinização solar, ajudam a fornecer alternativas de abastecimento de água a longo prazo. Os exemplos incluem instalações de dessalinização em grande escala em locais secos e dispositivos móveis de dessalinização alimentados por energia solar para uso comunitário.

Reciclagem e reutilização da água: A reciclagem da água implica o processamento de águas residuais para utilização em aplicações não potáveis, como a irrigação, actividades industriais ou mesmo a reutilização potável indireta. Isto diminui a necessidade de abastecimento de água doce, reduzindo também os poluentes ambientais. Os exemplos incluem instalações municipais de reciclagem de água, tratamento descentralizado de águas residuais para comunidades e actividades de reutilização de água industrial.

Soluções baseadas na natureza: As soluções baseadas na natureza dependem dos ecossistemas para gerir o abastecimento de água. Isto inclui a restauração de zonas húmidas, a florestação e a infraestrutura verde para melhorar a qualidade da água, minimizar as inundações e reabastecer os aquíferos. Os exemplos incluem zonas húmidas construídas para tratamento de águas residuais, programas de reflorestação para preservar bacias hidrográficas e superfícies permeáveis para diminuir o escoamento urbano.

A sementeira de nuvens é o processo de alteração dos padrões climáticos para criar precipitação, enquanto a recolha de águas pluviais é a recolha e armazenamento de água da chuva para utilização posterior. Estas estratégias ajudam a complementar o abastecimento de água em locais com stress hídrico. Os exemplos incluem operações de sementeira de nuvens em zonas propensas à seca e sistemas de recolha de águas pluviais para fins domésticos e agrícolas. Drones para a gestão da água: Os veículos aéreos não tripulados (UAV) ou drones são utilizados para efetuar levantamentos aéreos, mapear massas de água e monitorizá-las. Fornecem informações úteis para determinar a qualidade da água, detetar fontes de poluição e acompanhar as alterações nos recursos hídricos. Os exemplos incluem drones equipados com sensores de qualidade da água e estudos aéreos de bacias hidrográficas e reservatórios.

Cadeia de blocos para transacções de água: A tecnologia de cadeia de blocos permite transacções transparentes e seguras. Pode ser utilizada na gestão da água para manter registos transparentes, monitorizar o consumo de água e tornar os sistemas de comércio de água mais eficientes. Os exemplos incluem aplicações de cadeias de blocos para a administração dos direitos da água e o comércio em zonas com escassez de água.

Gestão da água liderada pela comunidade: Permitir que as comunidades locais participem ativamente nas escolhas de gestão da água promove práticas sustentáveis e a inclusão. Esta estratégia de proteção dos recursos hídricos tem em conta os conhecimentos e as crenças locais. Os exemplos incluem programas de gestão de bacias hidrográficas liderados pela comunidade, esforços de governação participativa da água e campanhas de sensibilização sobre a utilização sustentável da água.

Purificação de água com energia solar: Estes dispositivos utilizam a energia solar para purificar a água para consumo. Esta estratégia sustentável é especialmente útil em locais isolados e fora da rede. Os exemplos incluem procedimentos de desinfeção solar da água (SODIS), alambiques solares e sistemas de purificação de água alimentados por energia solar.

Inovações políticas para a governação da água: As políticas inovadoras e os quadros de governação são cruciais para resolver os problemas da água. Isto inclui regras, incentivos e formas de colaboração para promover a utilização e a proteção sustentáveis da água. Os exemplos incluem métodos de cálculo do preço da água, planos de gestão de bacias hidrográficas e quadros legislativos que incentivam práticas agrícolas sustentáveis.

Estas tecnologias ajudam a criar técnicas de gestão da água mais sustentáveis, eficientes e justas. A combinação de tecnologia, soluções baseadas na natureza e participação da comunidade é fundamental para resolver as questões complexas e interligadas dos recursos hídricos.

Estudos de caso de projectos de água e saneamento bem sucedidos. Programa WaterCredit da Water.org - Global: Matt Damon e Gary White co-fundaram a Water.org, que criou o programa WaterCredit, que combina microfinanças com soluções de água e saneamento. As pessoas podem obter empréstimos a juros baixos para construir infra-estruturas de água e saneamento ao abrigo do programa. Impacto: O WaterCredit ajudou milhões de pessoas em vários países a desenvolver ligações de água e instalações sanitárias, melhorando as comunidades e quebrando o ciclo de pobreza associado a questões relacionadas com a água. O Projeto de Abastecimento de Água e Saneamento de Phiri, no Malavi, procurou melhorar o acesso à água e às instalações sanitárias no distrito de Phiri. O projeto inclui furos de água, casas de banho e instruções de higiene para a comunidade. Impacto: A iniciativa melhorou consideravelmente as condições de água e saneamento, resultando em menos infecções transmitidas pela água. A saúde e o bem-estar da comunidade aumentaram, e a carga sobre as mulheres e crianças para recolher água diminuiu. SODIS - Desinfeção Solar da Água - Global: A desinfeção solar da água (SODIS) é uma forma simples e barata de tratar a água usando a luz do sol. Garrafas plásticas de água são expostas à luz do sol, o que ajuda na eliminação de germes transmitidos pela água.

Impacto: O SODIS tem sido aplicado em vários países subdesenvolvidos em todo o mundo, fornecendo às pessoas uma opção de tratamento de água acessível e sustentável. É especialmente bem sucedido em regiões com muito sol, mas com acesso limitado ao tratamento de água tradicional.

A iniciativa SWASTH (Sustainable Water, Air, and Food Technologies for Health) na Índia procurou melhorar a água, o saneamento e a higiene nas comunidades rurais. A iniciativa criou instalações descentralizadas de tratamento de água e promoveu a educação em matéria de higiene.

O SWASTH teve um impacto substancial na melhoria da qualidade da água e na redução das doenças transmitidas pela água nas regiões do projeto. A integração da participação comunitária e da educação ajudou a manter excelentes resultados no domínio da saúde. O projeto marroquino de modernização de bairros e do sector da habitação visava melhorar as condições de vida nas comunidades informais. O projeto inclui a instalação de infra-estruturas de água e saneamento, a modernização das habitações e a melhoria dos serviços comunitários.

Impacto: O projeto melhorou os serviços de água e saneamento, a habitação e as condições gerais de vida das populações dos aglomerados informais. O projeto ilustrou os benefícios de um desenvolvimento urbano coordenado.

Foram instaladas casas de banho de saneamento ecológico (Ecosan) nas zonas rurais do Vietname para aliviar os problemas de saneamento. Estas casas de banho separam a urina e as fezes, permitindo uma reutilização segura e ecológica dos resíduos como fertilizante. Impacto: Para além de melhorar o saneamento, as casas de banho Ecosan apoiaram a agricultura sustentável fornecendo fertilizantes ricos em nutrientes. A iniciativa demonstrou um método inovador de saneamento que promove a sustentabilidade ambiental.

Aquatabs no Quénia: Aquatabs, uma pastilha de purificação da água, foi introduzida no Quénia para combater as infecções transmitidas pela água. Quando as pastilhas são introduzidas na água, libertam cloro, limpando-a e tornando-a segura para consumo. Impacto: A utilização de Aquatabs levou a uma redução considerável das doenças transmitidas pela água. A experiência provou a eficiência dos métodos básicos e económicos de filtragem da água, especialmente em ambientes

com   recursos   limitados.

CAPÍTULO 6

Objetivo 7 - Energia acessível e limpa

Jyoti Kataria

Escola de Engenharia e Tecnologia

K. R. Mangalam University, Gurugram, Haryana, Índia

Deepak Singh

Departamento de Engenharia e Tecnologia

ABES(IT), Ghaziabad, Uttar Pradesh, Índia

As Nações Unidas adoptaram o Objetivo de Desenvolvimento Sustentável 7 (ODS 7) como um esforço mundial para garantir que todos tenham acesso a energia barata, fiável, sustentável e moderna até 2030. Reconhecendo o papel crítico da energia na promoção do crescimento económico, na melhoria dos padrões de vida e na minimização das consequências ambientais, o ODS 7 apela a uma abordagem abrangente e inclusiva da disponibilidade e eficiência energética. O ODS 7 reflecte um compromisso fundamental para garantir que a energia impulsione o desenvolvimento sustentável, ao mesmo tempo que aborda a necessidade premente de uma gestão ambiental. O objetivo reconhece a importância do acesso à energia, da redução da pobreza, do crescimento económico e da sustentabilidade ambiental na promoção de uma comunidade global mais igualitária e resiliente. Pobreza energética e desafios do acesso à energia

A pobreza energética, um problema generalizado a nível mundial, ensombra a vida de milhões de pessoas, sobretudo nos países em desenvolvimento. A sua influência faz-se sentir em muitos aspectos do

bem-estar humano devido à falta de serviços energéticos fiáveis, baratos e actuais. A Agência Internacional da Energia calcula que 789 milhões de pessoas em todo o mundo não têm acesso à eletricidade. A África Subsariana e o Sul da Ásia enfrentam a maior parte do fosso energético, com infra-estruturas de rede limitadas que obrigam as populações a depender de combustíveis tradicionais, por vezes poluentes, para as necessidades   básicas.
 Esta diferença energética é mais do que uma simples discrepância regional; engloba também a divisão urbano-rural. As zonas urbanas, frequentemente dotadas de maiores infra-estruturas, contrastam fortemente com as suas congéneres rurais, onde o acesso a fontes de energia modernas continua a ser um sonho impossível. A dependência de tipos básicos de energia, como a biomassa e o querosene, não é apenas um símbolo de energia.

A pobreza é também uma causa de graves problemas de saúde. As mulheres e as crianças são desproporcionadamente afectadas pela poluição do ar interior causada pelos combustíveis convencionais para cozinhar, o que as torna mais vulneráveis a estes riscos para a saúde. Para além das consequências físicas, a pobreza energética limita as oportunidades de educação. A falta de eletricidade nos lares torna o estudo depois de escurecer uma tarefa difícil para os alunos, impedindo o desenvolvimento educativo. Este desequilíbrio não só perpetua os ciclos de pobreza, como também limita o potencial de crescimento de comunidades   inteiras.
 O desafio é exacerbado pelas variações no empenhamento governamental e financeiro no combate à pobreza energética. Enquanto algumas nações fazem enormes progressos no aumento do acesso à energia, outras têm recursos limitados e objectivos de desenvolvimento contraditórios.

A luta contra a pobreza energética global exige um esforço internacional coordenado. As soluções sustentáveis incluem iniciativas localizadas de energia renovável, tecnologia fora da rede e regulamentos que promovam transições energéticas equitativas. As parcerias público-privadas e as iniciativas orientadas para a comunidade emergem como actores-chave no esforço mundial para abolir a pobreza energética, destacando a interligação entre o acesso à energia, a redução da pobreza e o desenvolvimento sustentável.

O valor da energia acessível e limpa para o desenvolvimento sustentável A energia acessível e limpa é uma componente crítica do desenvolvimento sustentável, apoiando o progresso económico, a justiça social, a conservação ambiental e o bem-estar humano em geral. A sua importância estende-se a várias dimensões, influenciando o caminho das nações e comunidades em direção a um futuro mais sustentável e justo.

Crescimento económico e redução da pobreza

A energia como catalisador: O acesso a energia barata e limpa é fundamental para o crescimento económico. Impulsiona a indústria, promove o comércio e fornece serviços essenciais. Uma infraestrutura energética fiável promove o desenvolvimento do emprego e a produção de rendimentos, tirando as comunidades da pobreza. Sustentabilidade ambiental

A atenuação das alterações climáticas depende em grande medida de fontes de energia limpas, como a energia solar, eólica e hidroelétrica. As energias limpas reduzem as emissões de gases com efeito de estufa, atenuando os efeitos do aquecimento global e promovendo a sustentabilidade ambiental.

Saúde e bem-estar

Qualidade do ar interior: A utilização de energia barata e limpa diminui a dependência dos combustíveis tradicionais e poluentes para cozinhar e aquecer. Esta mudança melhora a qualidade do ar interior, especialmente para as mulheres e crianças, que são desproporcionadamente afectadas pela poluição do ar interior, e conduz a melhores resultados em termos de saúde.

Acesso à educação

O acesso a eletricidade barata e limpa permite que os estudantes estudem depois de escurecer. A eletricidade permite a utilização de luzes e aparelhos eléctricos, criando assim ambientes de aprendizagem adequados e alargando as opções educativas.

Equidade e inclusão social

Capacitação da comunidade: As soluções energéticas económicas, em particular as descentralizadas, dão poder às comunidades, conferindo-lhes autoridade sobre os seus recursos energéticos. Esta descentralização incentiva a inclusão, permitindo que mesmo as populações rurais ou desfavorecidas recebam serviços de energia.

Inovação tecnológica e produtividade

Impulsionar a inovação: As tecnologias de energia limpa promovem a inovação e o crescimento técnico. Investir em energias renováveis

As práticas de eficiência e sustentabilidade incentivam o desenvolvimento de novas tecnologias, aumentando assim a competitividade económica e a produção. Urbanização sustentável

Planeamento urbano: O acesso a energia barata e limpa é fundamental para o crescimento urbano a longo prazo. Incentiva infra-estruturas energeticamente eficientes, promove técnicas de construção ecológicas e ajuda a desenvolver cidades resistentes e com baixas emissões de carbono.

 Segurança energética global

Diversificação das fontes de energia: O investimento em fontes de energia baratas e limpas ajuda a melhorar a segurança energética global, reduzindo a dependência de reservas de combustíveis fósseis finitas e geopoliticamente sensíveis. Um cabaz energético diversificado aumenta a resistência aos choques de abastecimento.

Atingir os Objectivos de Desenvolvimento Sustentável (ODS)

Objectivos interligados: A energia acessível e limpa está ligada a uma série de Objectivos de Desenvolvimento Sustentável. Apoia a redução da pobreza (ODS 1), a saúde e o bem-estar excelentes (ODS 3), a educação de qualidade (ODS 4), a igualdade de género (ODS 5), a ação climática (ODS 13) e outros objectivos.

Transição para a economia circular

As energias limpas promovem a eficiência dos recursos, o que contribui para a transição para uma economia circular. As tecnologias de energias renováveis têm frequentemente menos implicações ambientais do que as fontes de energia tradicionais, contribuindo para uma utilização mais sustentável dos recursos.

Na sua essência, a energia barata e limpa serve de catalisador para a realização dos objectivos mais gerais do desenvolvimento sustentável. A sua influência revolucionária estende-se aos domínios económico, social e ambiental, impulsionando o progresso em direção a um futuro de desenvolvimento que não é apenas robusto, mas também sustentável e inclusivo.

Metas e Indicadores do ODS 7 Meta 7.1: Acesso à eletricidade
Progresso: Foram alcançados progressos significativos, com o aumento
das taxas de eletrificação a nível mundial. Muitas nações, particularmente
na Ásia Oriental e na América Latina, expandiram muito o acesso à
eletricidade.

Desafios: Existem discrepâncias persistentes, nomeadamente na África
Subsariana e em partes da Ásia, onde milhões de pessoas continuam sem
acesso à eletricidade. As infra-estruturas inadequadas, as restrições
orçamentais e a divisão entre zonas urbanas e rurais constituem desafios
significativos. Meta 7.2: Quota de energias renováveis.
Progresso: Verifica-se uma boa dinâmica, com a proporção de energias
renováveis no cabaz energético global a aumentar. Os progressos
registados nas tecnologias solar e eólica contribuem para acelerar este
desenvolvimento.

Desafios: A dependência dos combustíveis fósseis persiste e, em certos
locais, existe inércia política. A natureza intermitente de certas energias
renováveis exige tecnologias de armazenamento melhoradas para
proporcionar um fornecimento contínuo de energia.

Meta 7.2: Acesso a combustíveis limpos para cozinhar

Os progressos têm sido lentos, mas estão a ser feitos esforços para
melhorar o acesso a combustíveis limpos para cozinhar. Há uma
consciência crescente das vantagens para a saúde e o ambiente.

Os desafios incluem a acessibilidade económica, as preferências culturais
e a disponibilidade restrita de tecnologia de cozinha limpa. A rápida
urbanização complica a mudança da biomassa convencional.

Objetivo 7.3: Intensidade energética.

Progressos: Registam-se progressos positivos quando a intensidade energética, avaliada em termos de utilização de energia por unidade do PIB, melhora a nível internacional. As tecnologias e práticas eficientes do ponto de vista energético contribuem para este objetivo.

Desafios: O rápido desenvolvimento económico em alguns locais pode compensar o aumento da intensidade energética. O equilíbrio entre desenvolvimento económico e sustentabilidade é um problema difícil.

Objetivo 7.A: Fluxos financeiros internacionais

Progresso: Foram envidados alguns esforços para atrair fluxos de financiamento internacionais para promover projectos de energias limpas e renováveis em países subdesenvolvidos. Desafios: O nível de investimento continua a ser inferior ao necessário. A coordenação das iniciativas internacionais e a manutenção dos compromissos de financiamento são questões permanentes.

Objetivo 7.B: Investimentos na eficiência energética

Progresso: A necessidade de eficiência energética está a ser mais amplamente reconhecida e os investimentos estão a aumentar numa variedade de áreas. Desafios: É difícil obter a escala necessária de investimentos e as restrições financeiras podem impedir a adoção generalizada de tecnologias energeticamente eficientes. Embora se tenham registado progressos em numerosos elementos do ODS 7, subsistem dificuldades que exigem esforços concertados. As disparidades no acesso à eletricidade e a combustíveis limpos para cozinhar, a dependência dos combustíveis fósseis e a necessidade de uma maior colaboração internacional são questões difíceis. A resolução destas dificuldades exige uma estratégia abrangente que inclua tecnologia inovadora, legislação de apoio, investimentos financeiros e um compromisso com hábitos sustentáveis. Uma vez que o acesso à energia está indissociavelmente ligado a objectivos de desenvolvimento mais amplos, são necessárias acções conjuntas a nível local, nacional e global para alcançar um futuro energético sustentável e inclusivo. Apresentação dos avanços nas tecnologias de energias renováveis. Energia solar fotovoltaica (PV): Os desenvolvimentos contínuos na tecnologia solar fotovoltaica resultaram numa melhor eficiência, preços mais baixos e maior durabilidade. As células solares de película fina, os painéis bifaciais e a tecnologia solar incorporada nos materiais de construção são exemplos de inovações.

Energia eólica: As turbinas eólicas da próxima geração têm diâmetros de rotor maiores e torres mais altas para captar mais energia eólica e aumentar a eficiência. Os parques eólicos offshore baseados em plataformas flutuantes representam uma nova fronteira no crescimento da energia eólica.

Sistemas de armazenamento de energia: Os avanços nas tecnologias de armazenamento de energia, como as baterias de iões de lítio, as baterias de fluxo e os melhores materiais para condensadores, melhoram a fiabilidade e a estabilidade das fontes de energia renováveis. As tecnologias de armazenamento à escala da rede ajudam a criar um sistema energético mais robusto. Inovações no sector da energia hidroelétrica: As melhorias na energia hidroelétrica incluem turbinas mais eficientes, concepções favoráveis aos peixes e a utilização de tecnologia inteligente para melhorar a gestão dos recursos hídricos. Os projectos hidroeléctricos de pequena escala e a fio de água proporcionam soluções sustentáveis.

Energia geotérmica: Os sistemas geotérmicos melhorados (EGS) e as centrais eléctricas de ciclo binário aumentaram as possibilidades da energia geotérmica. Os avanços na tecnologia de perfuração e na engenharia de reservatórios tornam mais viável a utilização do calor da Terra para gerar energia.

Os sistemas de energia das marés e das ondas evoluíram para incluir turbinas submarinas mais resistentes e eficientes e colunas de água oscilantes. Os projectos que utilizam a energia marinha demonstram o potencial de produção de energia fiável e previsível. Biogás e biomassa: Os avanços na tecnologia de digestão anaeróbica e gaseificação melhoram a eficiência da produção de energia a partir do biogás e da biomassa. A co-digestão de resíduos orgânicos e a utilização de matérias-primas melhoradas ajudam a gerar energia mais limpa e mais sustentável.

Estudos de casos de iniciativas bem sucedidas no domínio das energias limpas

Sistema de produção de eletricidade solar de Ivanpah, EUA: O sistema de produção de eletricidade solar de Ivanpah, na Califórnia, é uma das maiores instalações de energia solar térmica do mundo que utiliza a tecnologia de energia solar concentrada (CSP). Sucesso: Com uma capacidade de 392 MW, a central fornece energia limpa a cerca de 140 000 habitações, reduzindo simultaneamente as emissões de gases com efeito de estufa. Parque Eólico de Gansu, China: O Parque Eólico de Gansu é um enorme projeto de energia eólica na China, com centenas de turbinas eólicas distribuídas pelo deserto de Gobi. Sucesso: Com uma capacidade de mais de 20 GW, é um dos maiores parques eólicos do mundo, contribuindo grandemente para os objectivos de energia limpa da China. Projeto Powerpack da Tesla no Sul da Austrália: Para fazer face a um apagão significativo, a Tesla construiu a maior bateria de iões de lítio do mundo no Sul da Austrália. Sucesso: O projeto Powerpack, que tem uma capacidade de 150 MW, oferece estabilidade à rede e ajuda a controlar os picos de procura, demonstrando o potencial do armazenamento de energia.

Transição da Costa Rica para as energias renováveis: O país fez progressos significativos no domínio das energias renováveis, contando com a eletricidade hidroelétrica, geotérmica, eólica e solar.

Sucesso: Em ocasiões específicas, o país produziu 100% de energia renovável, provando a possibilidade de mudar para energias limpas. Utilidade Geotérmica de Reykjavik, Islândia: Reykjavik, Islândia, utiliza energia geotérmica para aquecimento urbano, capitalizando os abundantes recursos geotérmicos do país. Sucesso: Mais de 90% das residências de Reykjavik são aquecidas por geotermia, eliminando a dependência de combustíveis fósseis e demonstrando a durabilidade da energia geotérmica.

A central solar de Kigali, no Ruanda, é uma das maiores centrais solares da África Oriental. Sucesso: A instalação solar, com uma capacidade de 8,5 MW, contribui para o objetivo do Ruanda de melhorar o acesso à energia, diminuindo simultaneamente a dependência das fontes de energia tradicionais.

Estes desenvolvimentos e exemplos de casos realçam o potencial revolucionário da tecnologia das energias renováveis e dos programas bem   sucedidos.

Motivando os esforços mundiais para a transição para sistemas energéticos mais ecológicos e sustentáveis. O desenvolvimento das energias renováveis é promissor para um futuro sustentável e com baixas emissões de carbono. A energia solar fotovoltaica (PV) está na vanguarda desta jornada revolucionária, com avanços que conduzem a aumentos de eficiência, reduções de custos e integração numa vasta gama de aplicações. Inovações como as células solares de película fina e a energia fotovoltaica integrada em edifícios demonstram a versatilidade da tecnologia solar. A energia eólica, outro pilar do panorama das energias renováveis, registou progressos significativos, com as turbinas da próxima geração a apresentarem diâmetros de rotor maiores e torres mais altas para recolher mais energia eólica, especialmente no mar. Os sistemas de armazenamento de energia, que são cruciais para garantir a estabilidade das fontes renováveis, registaram melhorias na tecnologia das baterias, como as baterias de iões de lítio e materiais aperfeiçoados, permitindo o armazenamento à escala da rede e melhorando a resiliência energética global.

Além disso, a energia geotérmica avançou com os sistemas geotérmicos melhorados (EGS) e as centrais eléctricas de ciclo binário, que libertam o potencial de calor da Terra através de técnicas de perfuração melhoradas. A tecnologia da energia das marés e das ondas avançou, demonstrando o potencial da energia marinha com novas turbinas subaquáticas e colunas de água oscilantes. No domínio da biomassa e do biogás, os avanços na tecnologia de digestão anaeróbia e de gaseificação aumentaram a eficiência da transformação de resíduos orgânicos em energia limpa.

Vários estudos de casos significativos demonstram o sucesso dos esforços no domínio da energia sustentável. O sistema de produção de energia solar de Ivanpah, na Califórnia, o parque eólico de Gansu, na China, e o projeto Powerpack da Tesla, no Sul da Austrália, são projectos de grande escala que contribuem significativamente para a produção de energia sustentável e para a estabilidade da rede. A nível nacional, a transformação das energias renováveis planeada pela Costa Rica e o aquecimento urbano da Islândia, alimentado por energia geotérmica, demonstram a viabilidade de converter grandes países em fontes de energia renováveis. Estas tecnologias e estudos de caso demonstram o poder revolucionário das energias renováveis, fornecendo soluções práticas para enfrentar as alterações climáticas, melhorar a segurança energética e construir um ambiente energético global mais sustentável e resiliente.

CAPÍTULO 7

Objetivo 8 - Trabalho digno e crescimento económico

Jyoti Kataria

Escola de Engenharia e Tecnologia

K. R. Mangalam University, Gurugram, Haryana, Índia

Gaurav Kansal

Escola de Engenharia

ABES(IT), Ghaziabad, Uttar Pradesh, Índia

Introdução

O Objetivo de Crescimento Sustentável 8 (ODS 8), "Trabalho Digno e Crescimento Económico", incorpora uma visão para a promoção do crescimento económico inclusivo e sustentável que dá prioridade ao bem-estar dos indivíduos e das comunidades. No seu centro está o compromisso de promover um crescimento económico a longo prazo, inclusivo e justo, com o objetivo de proporcionar oportunidades de trabalho digno para todos. O ODS 8 centra-se no estabelecimento de empregos decentes, garantindo que os mercados de trabalho estão livres de exploração e discriminação, e que os trabalhadores têm salários justos, proteção social e condições de trabalho seguras. Reconhece a importância do empreendedorismo, da inovação e das pequenas e médias empresas (PME) como motores do crescimento económico e defende políticas que promovam o seu desenvolvimento.

O objetivo é criar uma sociedade em que os benefícios do crescimento económico sejam distribuídos de forma equitativa, sem deixar ninguém para trás. Visa resolver os problemas do trabalho informal, do subemprego e do emprego vulnerável, incentivando o desenvolvimento do emprego e meios de subsistência sustentáveis. O ODS 8 reconhece a interdependência do crescimento económico e de outras dimensões do desenvolvimento humano, ligando o objetivo a outros ODS como a erradicação da pobreza, a igualdade de género e a diminuição da desigualdade.

O crescimento económico, as taxas de emprego e a cobertura da proteção social são todos indicadores importantes para acompanhar o desenvolvimento. Os esforços bem-sucedidos associados ao ODS 8 incluem programas que promovem o empreendedorismo, o desenvolvimento de competências e a criação de emprego, particularmente em indústrias de elevado crescimento. O objetivo enfatiza a necessidade de políticas económicas inclusivas que dêem prioridade às comunidades excluídas e vulneráveis, impulsionando a capacitação económica e a harmonia social.

No entanto, continuam a existir dificuldades, incluindo a incerteza económica global, as desigualdades de rendimento e de riqueza e a influência das melhorias tecnológicas nos esquemas tradicionais de emprego. Além disso, a pandemia de COVID-19 mostrou a vulnerabilidade de alguns sectores de trabalho, enfatizando a importância de desenvolver economias resilientes. Para alcançar o ODS 8, os governos, as empresas, a sociedade civil e as organizações internacionais devem trabalhar em conjunto para desenvolver e implementar políticas que dêem prioridade ao crescimento económico a longo prazo, ao emprego pleno e produtivo e ao trabalho digno para todos, resultando num mundo mais justo e próspero.

Panorama global do emprego

O ambiente de trabalho global está repleto de obstáculos e desequilíbrios que impedem o crescimento a longo prazo. Uma das preocupações mais significativas é a predominância do emprego informal e vulnerável, especialmente nos países em desenvolvimento. Uma parte significativa da força de trabalho global trabalha em ocupações informais sem contratos oficiais, proteção social ou segurança no emprego. Esta informalização contribui para a instabilidade económica, uma vez que os trabalhadores que exercem estas profissões enfrentam frequentemente circunstâncias de trabalho inseguras, acesso restrito a benefícios sociais e são vulneráveis à exploração. Existem disparidades nas perspectivas de trabalho entre as zonas urbanas e rurais, o que agrava as disparidades sociais e económicas. As zonas urbanas têm frequentemente mais opções de emprego formal e qualificado, deixando os residentes rurais com acesso limitado a mão de obra de qualidade. Esta divisão entre as zonas urbanas e rurais influencia os padrões de migração, o que coloca ainda mais pressão sobre as infra-estruturas e os serviços urbanos.
 A desigualdade de género no local de trabalho continua a ser uma grande preocupação. As mulheres, embora representem cerca de metade da população mundial, enfrentam frequentemente desafios para encontrar um emprego adequado, incluindo disparidades de rendimento, oportunidades limitadas de crescimento profissional e maiores taxas de emprego informal. Alcançar a igualdade de género

A igualdade no local de trabalho não é apenas uma questão de justiça, mas é também necessária para que os países atinjam o seu pleno potencial económico. Embora a revolução tecnológica ofereça potencial para a inovação e a eficiência, também introduz novos problemas. A automatização e a inteligência artificial têm o potencial de substituir profissões específicas, resultando em desemprego e na necessidade de esforços de requalificação e melhoria de competências para garantir uma mão de obra preparada para os empregos de amanhã.

Além disso, a informalização do trabalho e a precariedade das condições de trabalho sobrepõem-se a preocupações de justiça social, aumentando a pobreza e impedindo a mobilidade ascendente. A discriminação com base na raça, etnia, idade e deficiência agrava estas questões, criando uma complexa rede de desigualdades que prejudicam os indivíduos e as comunidades a nível mundial.

A importância do trabalho digno no desenvolvimento sustentável O trabalho digno é uma pedra angular do desenvolvimento sustentável, ligando o crescimento económico, o bem-estar social e a sustentabilidade ambiental. A noção de trabalho digno é central para o Objetivo de Desenvolvimento Sustentável 8 e engloba os conceitos de justiça, dignidade e inclusão nas práticas de emprego, reconhecendo que a qualidade do emprego tem um impacto significativo nos indivíduos, famílias e comunidades.

Na sua essência, o emprego digno consiste em várias características, incluindo uma remuneração justa, estabilidade no emprego, apoio social e condições de trabalho seguras. Ao concentrar-se nestas qualidades, o emprego digno ajuda a reduzir a pobreza e promove o progresso económico. Quando os trabalhadores são adequadamente compensados e têm estabilidade no emprego, estão mais dispostos a investir na educação, nos cuidados de saúde e na habitação, o que resulta num impacto benéfico em cadeia no bem-estar social geral.

O emprego digno também ajuda a atenuar as desigualdades de género no local de trabalho. A promoção da igualdade de oportunidades, a redução das desigualdades salariais e a criação de condições de trabalho seguras para todas as mulheres contribuem não só para a equidade socioeconómica, mas também para maximizar o potencial dos diferentes talentos no mercado de trabalho.

Além disso, a promoção do trabalho digno é coerente com os ideais mais amplos da sustentabilidade social. Ao colocar o bem-estar dos trabalhadores em primeiro lugar, as sociedades podem minimizar as desigualdades, reforçar a coesão social e estabelecer comunidades resistentes. As práticas de trabalho socialmente responsáveis ajudam a criar um tecido social harmonioso e justo. Na perspetiva da sustentabilidade ambiental, o emprego digno está associado ao conceito de empregos verdes e a comportamentos ecologicamente responsáveis. À medida que o mundo se debate com as questões das alterações climáticas e da degradação ambiental, a transição para economias sustentáveis implica a criação de oportunidades de emprego ambientalmente responsáveis que ajudem a construir uma força de trabalho ecológica. A importância do trabalho digno estende-se para além dos contratos de trabalho individuais; permeia o tecido das comunidades, com impacto nos sistemas económicos, nas instituições sociais e na gestão ambiental. As nações que dão prioridade ao emprego digno podem liderar o caminho para um crescimento inclusivo e a longo prazo, estabelecendo uma sociedade em que o sucesso económico coexiste com a igualdade social e a responsabilidade ambiental.

ODS 8: Metas e Indicadores

O Objetivo de Desenvolvimento Sustentável 8 (ODS 8) centra-se no "Trabalho Digno e Crescimento Económico", com o objetivo de promover o crescimento económico a longo prazo, inclusivo e sustentável através do emprego pleno e produtivo e do trabalho digno para todos. Os objectivos e indicadores específicos do ODS 8 para o emprego digno incluem: Meta 8.1 - Crescimento económico por pessoa empregada. Esta meta centra-se na ligação entre o crescimento económico e o emprego, com o objetivo de garantir que os benefícios do desenvolvimento económico são dispersos uniformemente pela força de trabalho.

Progresso: O acompanhamento do crescimento económico por pessoa empregada é fundamental para determinar a inclusividade do progresso. Em certas áreas, tem-se conseguido associar o crescimento económico a padrões de vida mais elevados para os trabalhadores. Os desafios incluem a contínua desigualdade de rendimentos, o que significa que as vantagens do crescimento económico podem não ser distribuídas equitativamente por todos os trabalhadores. O emprego informal, a falta de estabilidade no trabalho e as variações na qualidade do emprego continuam a impedir o crescimento inclusivo.

Objetivo 8.2: taxa de crescimento anual do PIB real per capita.

Este objetivo centra-se na taxa de crescimento anual do PIB real per capita, com o objetivo de assegurar que o progresso económico conduza a um aumento da prosperidade e do bem-estar dos indivíduos.

Progresso: O acompanhamento do ritmo de aumento do PIB real per capita fornece informações sobre o bem-estar económico geral dos indivíduos. Algumas regiões registaram um bom crescimento, o que resultou em níveis de vida mais elevados. Os desafios incluem a resolução da desigualdade de riqueza e a garantia de que o progresso económico beneficia todas as partes da sociedade. A desigualdade, nomeadamente em termos de educação e de cuidados de saúde, continua a ser um problema.

Objetivo 8.3: Emprego informal

Este objetivo centra-se na predominância do emprego informal, com o objetivo de reduzir o número de pessoas que trabalham em empregos sem contratos formais ou benefícios sociais.

Os esforços para codificar o emprego progrediram em certas áreas, contribuindo para um mercado de trabalho mais organizado e seguro. Desafios: O trabalho informal é predominante, especialmente nos países emergentes, devido a obstáculos como o acesso restrito à segurança social e aos serviços financeiros. A formalização continua a ser um problema.

Meta 8.4: Nível de conformidade nacional com os direitos laborais Esta meta visa assegurar a conformidade nacional com os direitos laborais, destacando a necessidade de condições de trabalho justas e razoáveis para todas   as   pessoas. Progresso: Os esforços para reforçar a conformidade nacional com os direitos laborais avançaram em alguns locais, resultando em melhores condições de trabalho e num tratamento mais justo dos trabalhadores.

Desafios: Existem variações na aplicação dos direitos laborais, com algumas regiões a terem dificuldade em conseguir um cumprimento constante. Os mercados de trabalho informais e os quadros jurídicos fracos continuam a dificultar a defesa dos direitos dos trabalhadores. Meta 8.5: Salário médio por hora

Este objetivo sublinha a necessidade de uma remuneração equitativa, acompanhando a remuneração horária média em muitas categorias, como a   profissão,   a   idade   e   o   sexo. Progressos: As iniciativas que incentivam a transparência e a equidade salarial ajudaram algumas regiões a progredir no sentido de sistemas de remuneração mais equitativos. As desigualdades salariais entre homens e mulheres mantêm-se e as variações salariais entre profissões e grupos etários reflectem os problemas persistentes de estabelecer uma remuneração justa e equitativa para todos os trabalhadores.

Objetivo 8.6: Taxa de desemprego

Este objetivo aborda a necessidade de minimizar o desemprego, concentrando-se em dados demográficos como o sexo, a idade e a deficiência para garantir oportunidades justas no mercado de trabalho.

Progresso: O acompanhamento das taxas de desemprego por demografia fornece informações sobre as mudanças no mercado de trabalho. Os esforços de desenvolvimento de competências ajudaram a reduzir o desemprego em áreas específicas.

Desafios: As taxas de desemprego jovem persistentemente elevadas, as disparidades de género no emprego e o desemprego estrutural evidenciam a necessidade de iniciativas específicas. Meta 8.7 - Trabalho infantil

A meta 8.7 visa eliminar o trabalho infantil através do acompanhamento da proporção e da quantidade de crianças que trabalham, salientando a importância da proteção dos direitos das crianças.

Progresso: As campanhas de sensibilização e as medidas educativas ajudaram a reduzir o trabalho infantil em áreas específicas, contribuindo para o objetivo de eliminar as práticas de exploração.

Desafios: Apesar dos progressos, o trabalho infantil continua a ser um problema, tipicamente ligado à pobreza, ao acesso limitado a uma educação de qualidade e a questões culturais que exigem iniciativas específicas   para   abordar   as   causas   principais.

Objetivo 8.8: Lesões profissionais

Este objetivo centra-se na segurança no local de trabalho, acompanhando a prevalência de lesões profissionais fatais e não fatais, tendo em conta características como o sexo e o estatuto de imigrante.

Progressos: As melhorias na regulamentação da segurança e uma maior sensibilização ajudaram a reduzir a frequência das lesões no local de trabalho   em   sectores   específicos.

problemas: Os problemas em curso incluem a necessidade de melhorias adicionais nos regulamentos de segurança, particularmente em indústrias de alto risco, bem como a abordagem das discrepâncias nas taxas de lesões entre   grupos   demográficos.

Objetivo 8.9: PIB do turismo

A meta 8.9 examina o impacto do turismo no crescimento económico, acompanhando a contribuição direta do sector para o PIB e a taxa de crescimento.

Progresso: Os projectos de turismo sustentável tiveram um impacto favorável na diversificação económica de certas regiões, em conformidade com o objetivo de um crescimento económico responsável e inclusivo.

problemas: O equilíbrio entre a expansão turística e a sustentabilidade ambiental e a manutenção de padrões de trabalho equitativos na empresa são   problemas   contínuos.

Objetivo 8.10: Acessibilidade dos bancos

Este objetivo sublinha a importância da inclusão financeira, acompanhando a disponibilidade de serviços bancários, como o número de agências bancárias por 100 000 indivíduos.

Progresso: Os desenvolvimentos tecnológicos no sector bancário aumentaram a acessibilidade, resultando na inclusão financeira em alguns locais.

Desafios: Em certos locais, o acesso limitado aos serviços bancários continua a impedir a inclusão financeira e o acesso ao crédito, sendo necessárias iniciativas para eliminar os obstáculos à acessibilidade.

A concretização dos objectivos do ODS 8 para o emprego digno necessita de uma estratégia multifacetada que inclua intervenções legislativas, esforços sociais e envolvimento internacional. O desenvolvimento económico, a formalização do emprego, a justiça salarial e a eliminação de práticas de exploração estão todos ligados a iniciativas mais amplas para construir economias robustas e inclusivas que promovam o bem-estar dos trabalhadores. A resolução destas dificuldades e a promoção do emprego digno são fundamentais para alcançar o desenvolvimento sustentável e garantir que o progresso económico resulta em melhores condições de vida para todos.

Inovação no desenvolvimento económico

O crescimento económico inclusivo visa garantir que as vantagens do progresso sejam partilhadas por todas as partes da sociedade, sem deixar ninguém para trás. A implementação de soluções que promovam a inclusão é fundamental para atingir o Objetivo de Desenvolvimento Sustentável 8 e criar uma economia global mais justa e resiliente. Eis algumas formas importantes de garantir um crescimento económico inclusivo:

Educação e desenvolvimento de competências

Estratégia: Dar prioridade aos investimentos em programas de educação e desenvolvimento de competências para dotar os indivíduos das capacidades necessárias para um trabalho significativo.

Justificação: É necessária uma mão de obra qualificada para participar na economia moderna. A educação e a formação reduzem as barreiras à entrada, promovendo a participação económica de um vasto leque de grupos.

Políticas do mercado de trabalho

Estratégia: Implementar e aplicar regras do mercado de trabalho que garantam salários justos, condições de trabalho seguras e direitos dos trabalhadores.

Fundamentação: As normas laborais justas promovem um ambiente de trabalho positivo, que beneficia a saúde e a produtividade dos trabalhadores. Isto também combate a desigualdade económica.

Inclusão financeira

Estratégia: Melhorar a inclusão financeira através do aumento do acesso aos serviços bancários, ao microfinanciamento e a outros instrumentos financeiros.

Justificação: O acesso aos serviços financeiros dá poder às comunidades desfavorecidas, permitindo-lhes poupar, investir e obter empréstimos para o empreendedorismo, promovendo a independência económica.

Apoio às pequenas e médias empresas (PME).

Estratégia: Criar políticas e iniciativas para incentivar a expansão das PMEs, tais como financiamento, formação e possibilidades de mercado.

Fundamentação: As pequenas e médias empresas desempenham um papel importante na criação de emprego e na diversificação económica. O apoio à sua expansão promove o desenvolvimento económico inclusivo.

Programas de proteção social

Estabelecer programas sólidos de proteção social, como o subsídio de desemprego, os cuidados de saúde e as pensões, para oferecer uma rede de segurança aos grupos desfavorecidos.

Fundamentação: A proteção social melhora a resiliência, minimizando o impacto dos choques económicos e assegurando que as pessoas e as famílias mantenham um nível mínimo de vida.

Promover a igualdade de género

Estratégia: Implementar políticas e actividades para promover a igualdade de género no local de trabalho, tais como a igualdade de remuneração, representação e oportunidades. As políticas de inclusão do género promovem o crescimento económico, maximizando o potencial da força de trabalho e incentivando a diversidade na tomada de decisões.

Desenvolvimento de infra-estruturas

Estratégia: Investir no desenvolvimento de infra-estruturas, tais como transportes, eletricidade e ligação digital, para eliminar as desigualdades urbano-rurais. Fundamentação: O desenvolvimento de infra-estruturas aumenta a produtividade, melhora o acesso ao mercado e proporciona emprego em comunidades negligenciadas.

Inovação e tecnologia para todos

Estratégia: Incentivar a inovação inclusiva e a adoção de tecnologias, assegurando que os avanços técnicos beneficiem todas as partes da sociedade.

Fundamentação: Colmatar o fosso digital e proporcionar um acesso equitativo aos avanços técnicos são fundamentais para o crescimento económico inclusivo na era digital.

Empregos verdes e práticas sustentáveis

Estratégia: Promover a criação de sectores verdes e de práticas empresariais sustentáveis, a fim de associar o desenvolvimento económico à sustentabilidade ambiental.

Justificação: O emprego verde promove tanto o crescimento económico como a gestão ambiental, criando um futuro mais sustentável e inclusivo. Envolvimento e capacitação da comunidade.

Estratégia: Envolver as populações locais nos processos de tomada de decisão e capacitá-las através da promoção do empreendedorismo local e do desenvolvimento sustentável.

Justificação: A participação da comunidade desenvolve um sentido de propriedade e garante que os projectos de desenvolvimento se adaptam às necessidades específicas das diferentes comunidades. Ao adotar e aplicar estas medidas, os políticos, os empresários e as comunidades podem colaborar para promover um crescimento económico inclusivo, assegurando que a riqueza é partilhada equitativamente e que ninguém fica para trás.

Estudos de caso: Projectos bem sucedidos de criação de emprego e desenvolvimento económico

O sistema de formação profissional dual da Alemanha visa criar emprego e desenvolver competências.

Descrição: O sistema de formação profissional dual da Alemanha inclui formação em sala de aula e formação no local de trabalho. Esta metodologia tem sido extremamente eficaz no desenvolvimento de uma mão de obra competente que satisfaz as exigências do mercado de trabalho. Os estágios são amplamente adoptados, o que resulta num baixo nível de desemprego jovem e num sector industrial forte.

Diversificação económica de Singapura através das competênciasObjectivo futuro: Diversificação económica e reforço das competências.

Descrição: O projeto SkillsFuture de Singapura pretende dotar os seus trabalhadores de competências relevantes para a economia do futuro. O governo dá assistência financeira a quem procura formação e educação, promovendo a diversificação económica através da formação de trabalhadores para novas áreas como a tecnologia e os cuidados de saúde.
 Iniciativa "Um computador por criança" do Ruanda

Objectivos: Educação, desenvolvimento de competências e crescimento económico

O programa Um computador portátil por criança no Ruanda tinha como objetivo colmatar o fosso digital e melhorar a literacia digital, fornecendo computadores portáteis às crianças em idade escolar. Esta iniciativa ajuda a criar empregos no futuro, equipando a próxima geração com as competências necessárias para uma força de trabalho orientada para a tecnologia.
 Programa Bolsa Família do Brasil.

Objetivo: Redução da pobreza e inclusão social
O programa Bolsa Família do Brasil oferece transferências condicionais de dinheiro para famílias de baixa renda. Ao dar assistência financeira às famílias, a iniciativa reduziu as taxas de pobreza e alargou o acesso à

educação e aos cuidados de saúde. Isto, por sua vez, ajuda a promover o crescimento económico a longo prazo, pondo fim ao ciclo da pobreza.

Iniciativa da China "Uma Faixa, Uma Rota" (Belt and Road Initiative)

Objetivo: Desenvolvimento de infra-estruturas e crescimento económico Descrição: A Iniciativa "Uma Faixa, Uma Rota" da China é uma importante iniciativa de infra-estruturas destinada a aumentar a conetividade global. Ao investir no desenvolvimento de infra-estruturas nos países parceiros, a China promove o crescimento económico, a criação de emprego e a colaboração. O esforço resultou em melhores canais de comércio, desenvolvimento de emprego e melhores perspectivas económicas nos países membros.
 Transição da Costa Rica para as energias renováveis

A Costa Rica passou efetivamente a utilizar fontes de energia renováveis, incluindo a eletricidade hidroelétrica, geotérmica, eólica e solar. Este projeto não só resolve os problemas ambientais, como também resultou na criação de emprego na indústria das energias renováveis, promovendo o desenvolvimento económico e mantendo o compromisso com a sustentabilidade.

Campanha "Made in India" da Índia

Objetivo: Crescimento da indústria transformadora e criação de emprego

O programa Make in India tem como objetivo aumentar a produção e transformar a Índia numa potência industrial a nível mundial. Ao atrair investimentos internacionais e apoiar a produção nacional, o plano tem potencial para criar milhões de postos de trabalho e estimular o crescimento económico.

O Movimento Saemaul Undong da Coreia do Sul tem por objetivo reduzir a pobreza e promover o desenvolvimento rural.

O Saemaul Undong (Movimento das Novas Aldeias), na Coreia do Sul, deu ênfase ao desenvolvimento rural e às iniciativas lideradas pelas comunidades. A Coreia do Sul melhorou as suas zonas rurais através do investimento em infra-estruturas, educação e tecnologia, diminuindo assim a pobreza e criando perspectivas económicas locais. Visão 2021 dos Emirados Árabes Unidos

Diversificação económica e economia baseada no conhecimento: A Visão 2021 dos EAU tem como objetivo diversificar a sua economia através de investimentos em tecnologia, energias renováveis e cuidados de saúde. Ao encorajar a inovação e o empreendedorismo, o projeto espera produzir emprego altamente qualificado e estabelecer os EAU como uma economia baseada no conhecimento.

Projeto da Tennessee Valley Authority (TVA) dos Estados Unidos

Objetivo: Desenvolvimento de infra-estruturas e crescimento económico regional Descrição: O projeto TVA da década de 1930 foi um esforço abrangente para melhorar a região do Vale do Tennessee através de projectos de infra-estruturas, tais como barragens e eletricidade. Este programa não só levou energia a áreas remotas, como também criou emprego, melhorou o nível de vida e impulsionou o crescimento económico da região.

CAPÍTULO 8

Objetivo 9 - Indústria, inovação e infra-estruturas

Sudesh Singh

Departamento de Informática

NIET, Greater Noida, Uttar Pradesh, Índia

Jyoti Kataria

Escola de Engenharia e Tecnologia

K. R. Mangalam University, Gurugram, Haryana, Índia

Introdução

O Objetivo de Desenvolvimento Sustentável 9 (ODS 9) centra-se na "Indústria, Inovação e Infra-estruturas", reconhecendo o seu papel fundamental no incentivo ao crescimento económico a longo prazo, na melhoria dos padrões de vida e na promoção do desenvolvimento equitativo a nível mundial. O objetivo inclui uma variedade de metas e métricas concebidas para garantir infra-estruturas duradouras, industrialização inclusiva e inovação tecnológica.

O desenvolvimento de infra-estruturas é uma componente fundamental do ODS 9. O objetivo salienta a necessidade de infra-estruturas sólidas, sustentáveis e acessíveis nos sectores dos transportes, da energia e das tecnologias da informação e da comunicação (TIC). Uma infraestrutura adequada é fundamental para facilitar a atividade económica, diminuir as disparidades e melhorar a qualidade de vida. Os objectivos incluem a expansão de sistemas de transporte sustentáveis e pouco dispendiosos, o acesso a fontes de energia fiáveis e modernas e o aumento da ligação através de uma melhor infraestrutura de TIC. A industrialização inclusiva é outro componente crítico do ODS 9. O objetivo é expandir a contribuição da indústria para o emprego e o PIB nos países emergentes. Ao incentivar práticas industriais sustentáveis e ao ajudar as pequenas e médias empresas (PME), o ODS 9 procura aumentar as possibilidades de trabalho e promover a diversidade económica. Os objectivos incluem a melhoria da eficiência dos recursos nas empresas e a utilização de tecnologias limpas e respeitadoras do ambiente. A inovação é fundamental para alcançar o desenvolvimento sustentável, e o ODS 9 enfatiza a necessidade de cultivar uma cultura inovadora. O objetivo é estimular a I&D, aumentar o número de investigadores e apoiar o progresso técnico. Incentivar a inovação é considerado crucial para abordar as preocupações globais e garantir que o progresso beneficie todos os elementos da sociedade.

Finalmente, o ODS 9 prevê uma sociedade em que as infra-estruturas são robustas, as indústrias são inclusivas e sustentáveis e a inovação é utilizada em benefício da humanidade. Para atingir estes objectivos, os governos, o sector privado e a sociedade civil devem trabalhar em conjunto para criar um ambiente que incentive o investimento, a inovação técnica e o desenvolvimento económico inclusivo. O ODS 9, que se centra na indústria, na inovação e nas infra-estruturas, visa preparar o caminho para um futuro global mais sustentável e equitativo.

Desafios da industrialização e das infra-estruturas

A promoção da indústria e das infra-estruturas sustentáveis, tal como descrita no Objetivo de Desenvolvimento Sustentável 9 (ODS 9), apresenta uma série de problemas a nível económico, ambiental e social. A superação destes problemas é fundamental para alcançar a sustentabilidade global.

Barreiras financeiras: Um dos obstáculos mais significativos é o grande investimento financeiro necessário para construir infra-estruturas resistentes e implementar práticas industriais sustentáveis. Muitos países em desenvolvimento lutam para obter os fundos necessários para projectos de grande escala, limitando a sua capacidade de construir as infra-estruturas necessárias ao crescimento económico e ao bem-estar social.

Lacunas tecnológicas: A adoção de tecnologias sustentáveis é uma componente essencial para cumprir o ODS 9. No entanto, as disparidades tecnológicas, sobretudo nos países subdesenvolvidos, constituem obstáculos. O acesso a tecnologias limpas e inovadoras a preços acessíveis pode ser limitado, impedindo a transição para processos industriais e infra-estruturas mais respeitadores do ambiente.

Quadros regulamentares inadequados: A ausência de quadros regulamentares sólidos e de mecanismos de aplicação pode dificultar o progresso no sentido de uma indústria e infra-estruturas sustentáveis. Uma governação fraca pode levar a padrões baixos, a uma aplicação ineficaz das regras ambientais e a incentivos insuficientes para que as empresas adoptem práticas sustentáveis.

Acesso limitado à informação e à educação: A adoção bem sucedida de práticas sustentáveis necessita frequentemente de sensibilização, educação e reforço de capacidades a vários níveis. Muitas localidades têm um acesso limitado aos conhecimentos sobre tecnologias e práticas sustentáveis, bem como uma falta de educação sobre os seus benefícios, o que impede uma adoção generalizada.

Escassez de recursos e impacto ambiental: A extração de recursos para o desenvolvimento industrial e de infra-estruturas pode degradar o ambiente e agravar as alterações climáticas. O equilíbrio entre o crescimento económico e a gestão sustentável dos recursos é uma tarefa séria.

Desigualdade e Inclusão: Conseguir uma industrialização inclusiva e o desenvolvimento de infra-estruturas é difícil em países com elevados níveis de desigualdade. Muitos grupos vulneráveis, especialmente as mulheres e as populações desfavorecidas, podem encontrar obstáculos às oportunidades económicas e à participação em programas de desenvolvimento.

Resiliência a catástrofes naturais: A construção de infra-estruturas resistentes é essencial para sobreviver a catástrofes naturais e fenómenos climáticos. No entanto, em muitos locais, a suscetibilidade das infra-estruturas a tais ocorrências constitui um problema, exigindo planeamento estratégico, investimento e adesão a regras de construção rigorosas.

Interdependência económica global: A interconexão da economia global complica as tentativas de promover a indústria e as infra-estruturas sustentáveis. A dependência económica de certas indústrias pode impedir a mudança para práticas mais sustentáveis, sendo necessária a colaboração internacional para resolver estas questões coletivamente.

A resolução destas dificuldades exigirá um esforço de colaboração entre os governos, o sector comercial, a sociedade civil e a comunidade internacional. A colaboração, a criatividade e o empenhamento a longo prazo são necessários para ultrapassar estes desafios e promover o desenvolvimento sustentável na indústria e nas infra-estruturas.

Como a inovação pode ajudar a colmatar as lacunas de desenvolvimento

A inovação é fundamental para colmatar as lacunas de desenvolvimento entre indústrias e regiões, promovendo o crescimento económico, o progresso social e a sustentabilidade ambiental. Actua como um catalisador para uma boa mudança, fornecendo soluções inovadoras para questões de longa data e promovendo o desenvolvimento inclusivo. Eis um olhar sobre a complexa função da inovação para colmatar as lacunas de desenvolvimento:

Crescimento económico e criação de emprego: A inovação impulsiona o crescimento económico ao incentivar a formação de novas indústrias e empresas. Os avanços tecnológicos e as estratégias empresariais criativas criam possibilidades de emprego, especialmente em áreas em crescimento. A inovação ajuda a criar um ambiente económico mais dinâmico e diversificado, incentivando o espírito empresarial e o crescimento das pequenas e médias empresas (PME), diminuindo assim o desemprego e a pobreza.

Acesso a serviços essenciais: As soluções inovadoras têm a capacidade de reduzir as desigualdades no acesso a serviços essenciais, como os cuidados de saúde, a educação e as finanças. A telemedicina e os serviços bancários móveis, por exemplo, podem fornecer cuidados de saúde e serviços financeiros a zonas rurais ou desfavorecidas, colmatando as lacunas de acesso e aumentando o bem-estar geral.

Educação e desenvolvimento de competências: A inovação na tecnologia da educação, ou EdTech, tem o potencial de mudar os processos de aprendizagem e tornar a educação mais acessível. Os cursos em linha, as plataformas de e-learning e os materiais digitais melhoram as perspectivas educativas, em especial nas áreas.

O ensino tradicional não é muito acessível. Isto pode ajudar no desenvolvimento de competências, fornecendo aos indivíduos as ferramentas de que necessitam para maiores oportunidades de trabalho.

Desenvolvimento de infra-estruturas: As inovações nas infra-estruturas podem colmatar lacunas cruciais nas redes de transportes, energia e comunicações. Por exemplo, as soluções de infra-estruturas inteligentes podem aumentar a eficiência, minimizar o impacto ambiental e aumentar a conetividade. As tecnologias de infra-estruturas sustentáveis e resilientes são especialmente importantes para as áreas propensas a catástrofes naturais ou com falta de necessidades básicas.

As descobertas médicas, os medicamentos e os sistemas de prestação de cuidados de saúde podem ter uma influência considerável nos resultados da saúde pública. As inovações nos diagnósticos, nos procedimentos de tratamento e nas medidas preventivas ajudam a reduzir as taxas de mortalidade e a melhorar a saúde da população, especialmente em zonas com desigualdades em termos de saúde. Sustentabilidade ambiental: As inovações no domínio da energia limpa, da agricultura sustentável e da conservação do ambiente ajudam a resolver problemas globais como as alterações climáticas. As práticas e tecnologias sustentáveis contribuem para reduzir as consequências negativas das actividades humanas no ambiente, incentivando uma abordagem mais equilibrada e resistente ao desenvolvimento. Governação e participação inclusivas: A inovação pode ajudar a melhorar o envolvimento dos cidadãos, a transparência e a responsabilidade na governação. As plataformas e aplicações digitais facilitam processos de tomada de decisão mais inclusivos, dando voz às pessoas marginalizadas e permitindo que os cidadãos definam políticas que os afectam diretamente.

Cooperação global: A inovação promove a cooperação global ao facilitar o intercâmbio de ideias, conhecimentos e recursos para além das fronteiras. A cooperação internacional e os esforços conjuntos de investigação utilizam pontos de vista variados.
 Em suma, a inovação é um poderoso motor para colmatar as lacunas de desenvolvimento, criando possibilidades, aumentando a eficiência e oferecendo soluções inovadoras para desafios difíceis. Os governos, as empresas, as universidades e a sociedade civil devem incentivar e investir ativamente na inovação, a fim de concretizar o seu potencial revolucionário e promover um desenvolvimento sustentável e equitativo em todo o mundo.

ODS 9: Metas e Indicadores

Meta 9.1: Desenvolver infra-estruturas de qualidade, fiáveis, sustentáveis e   resilientes.
 Indicador 9.1.1: A proporção da população rural que vive a menos de 2 quilómetros de uma estrada para todas as estações.

Progresso:
 Avanços em matéria de conetividade: Muitas regiões registaram progressos no desenvolvimento de infra-estruturas, nomeadamente a expansão das redes rodoviárias. A melhoria das ligações melhora o acesso a serviços essenciais, estimula a atividade económica e liga as zonas periféricas às cidades.

Inovações tecnológicas: A implementação de novas tecnologias nas infra-estruturas, como os sistemas de transporte inteligentes, contribuiu para melhorar a eficiência e a resiliência.

Infra-estruturas urbanas: As cidades fizeram progressos consideráveis na construção de infra-estruturas sustentáveis e resilientes, tais como redes de transportes públicos e uma conceção urbana ecológica.

Desafios:

Disparidades rurais: Apesar dos avanços, as comunidades rurais, especialmente nos países em desenvolvimento, continuam a enfrentar obstáculos para obter excelentes infra-estruturas. As redes rodoviárias limitadas reduzem a produção agrícola, o crescimento económico e o acesso à educação e aos cuidados de saúde. Restrições de financiamento: O financiamento de projectos de infra-estruturas de grande escala continua a ser difícil, sobretudo nos países pobres com recursos financeiros limitados. Este facto limita a capacidade de construir infra-estruturas sólidas e sustentáveis. Objetivo 9.2: Promover uma industrialização inclusiva e sustentável. Indicador 9.2.1: Valor acrescentado da indústria transformadora em proporção do PIB e per capita. O indicador 9.2.2 mostra o emprego na indústria transformadora como uma proporção do emprego total. Progressos na diversificação económica: Em certos locais, foram feitos progressos no sentido de uma industrialização inclusiva, resultando numa diversificação económica fora das indústrias convencionais.

Criação de emprego: O aumento do valor acrescentado da indústria transformadora contribuiu para a criação de emprego, abrindo perspectivas para uma mão de obra em expansão.

Desafios:

Disparidades no emprego: Apesar da diversificação económica, continuam a existir problemas em garantir que as vantagens da industrialização sejam distribuídas de forma equitativa. As disparidades nas taxas de emprego na indústria transformadora podem agravar as desigualdades sociais e económicas.

Impacto ambiental: Algumas empresas provocam a deterioração do ambiente, o que dificulta uma industrialização sustentável. Continua a ser difícil encontrar um equilíbrio entre a expansão económica e a responsabilidade ambiental.

Meta 9.3: Aumentar o acesso aos serviços financeiros e às infra-estruturas para as pequenas e médias empresas (PME).

Indicador 9.3.1: Quota-parte das indústrias de pequena escala no valor acrescentado global da indústria.

Progresso:

Inclusão financeira: Os esforços para melhorar o acesso das PME aos serviços financeiros tiveram resultados, impulsionaram a inclusão financeira e promoveram o crescimento das pequenas empresas.

Desenvolvimento do espírito empresarial: As iniciativas que promovem o espírito empresarial e prestam assistência financeira às pequenas e médias empresas ajudaram a criar emprego e a impulsionar a economia.

Desafios:

Acesso limitado ao financiamento: Muitas PME, particularmente nos países em desenvolvimento, continuam a ter dificuldades em obter financiamento e serviços financeiros, impedindo o seu crescimento e desenvolvimento.

Barreiras regulamentares: Os quadros regulamentares podem dificultar a entrada e a expansão das PME no mercado. A simplificação das regras é fundamental para criar um clima favorável às pequenas empresas.

Meta 9.4: Melhorar as infra-estruturas e reequipar as indústrias para a sustentabilidade.

O indicador 9.4.1 mede as emissões de CO2 por unidade de valor acrescentado.

Progresso:

Adoção de tecnologia limpa: Algumas indústrias têm feito progressos na adoção de tecnologias limpas e sustentáveis, resultando em menores emissões de carbono por unidade de valor acrescentado.

Eficiência energética: As iniciativas de incentivo às técnicas de eficiência energética nas empresas contribuíram para as iniciativas de sustentabilidade.

Desafios:

Transição do sector: Certas regiões podem ter dificuldades em adotar práticas sustentáveis, especialmente se as tecnologias e infra-estruturas obsoletas estiverem fortemente enraizadas.

Cooperação global: Para alcançar a sustentabilidade, é necessária uma colaboração mundial para estabelecer e aplicar normas. Regulamentos inconsistentes e a falta de colaboração global constituem obstáculos à consecução de objectivos ambientais comuns.

Meta 9.5: Melhorar a investigação científica e as capacidades tecnológicas dos sectores industriais

Indicador 9.5.1: Despesas de I&D em proporção do PIB.

Indicador 9.5.2: Número de investigadores (equivalente a tempo inteiro) por milhão de pessoas.

Progressos

Aumento do investimento em investigação: Verificou-se um aumento global das despesas em investigação e desenvolvimento, o que sugere um empenho em melhorar as competências científicas

:

O aumento do número de investigadores demonstra tentativas de melhorar os conhecimentos técnicos e a criatividade. Desafios:

Continuam a existir disparidades na investigação, com alguns locais a não disporem dos meios e instalações necessários para realizar investigação e desenvolvimento importantes.

Lacunas de financiamento: Os recursos financeiros limitados podem limitar a capacidade de certas nações de investir em investigação e desenvolvimento, impedindo o progresso tecnológico. Meta 9.a: Facilitar o desenvolvimento de infra-estruturas sustentáveis e resilientes nos países em desenvolvimento.

Indicador 9.a.1: Total do apoio internacional oficial (ajuda ao desenvolvimento + outros fluxos oficiais) às infra-estruturas.

Progresso:

Aumento do apoio internacional: O apoio internacional ao desenvolvimento de infra-estruturas melhorou, tendo a ajuda pública ao desenvolvimento e outros fluxos oficiais contribuído para o seu financiamento.

Reforço das capacidades: Foram envidados esforços para aumentar a capacidade das nações em desenvolvimento para planear e executar projectos de infra-estruturas sustentáveis. Desafios:

financiamento adequado e contínuo: A manutenção de uma ajuda externa contínua e adequada é um problema, especialmente devido à flutuação das forças e dos objectivos geopolíticos.

Limites de capacidade: Os países em desenvolvimento podem ter dificuldade em absorver e utilizar eficazmente a assistência internacional devido a limites de capacidade e a problemas de governação. Objetivo 9.b - Incentivar o desenvolvimento tecnológico, a investigação e a inovação a nível nacional nos países em desenvolvimento.

Indicador 9.b.1: Proporção do valor industrial de média e alta tecnologia contribuído para o valor acrescentado total.

Progresso:

Promoção das indústrias de alta tecnologia: Algumas zonas registaram progressos no aumento do valor acrescentado da indústria de média e alta tecnologia, o que reflecte um empenho na melhoria técnica.

As iniciativas de apoio à investigação e à inovação nos países pobres contribuíram para impulsionar o progresso tecnológico.

Desafios

Limitações de recursos: Os países em desenvolvimento podem deparar-se com limitações de recursos ao promoverem empresas de alta tecnologia, tais como a falta de trabalhadores competentes e um financiamento limitado.

Transferência de conhecimentos: Existem desafios para assegurar uma transferência eficiente de conhecimentos e a difusão de tecnologias, a fim de tirar pleno partido dos progressos técnicos locais. Objetivo 9.c: Aumentar o acesso às TIC e proporcionar um acesso universal e a preços acessíveis à Internet nos países menos desenvolvidos.

Indicador 9.c.1: A proporção da população coberta por uma rede móvel, conforme determinado pela tecnologia.

Progresso:

A melhoria da cobertura das redes móveis contribuiu para aumentar o acesso às tecnologias da informação e da comunicação (TIC).

Inclusão digital: Foram envidados esforços para colmatar o fosso digital, promover a literacia digital e proporcionar um maior acesso à Internet.

Desafios:

Conectividade de última milha: Apesar das melhorias, ainda existem obstáculos à obtenção de uma ligação universal e barata à Internet, especialmente em locais distantes e subdesenvolvidos.

Lacunas nas infra-estruturas: Em certos locais, as infra-estruturas TIC limitadas dificultam o aumento da ligação, restringindo a difusão dos serviços digitais. A inovação tecnológica e o desenvolvimento de infra-estruturas tiveram um impacto revolucionário no mundo moderno. Estas inovações não só aumentam a ligação e o crescimento económico, como também ajudam a promover a sustentabilidade e a melhorar os padrões de vida. Eis alguns exemplos significativos de progressos em projectos tecnológicos e de infra-estruturas: Avanços nas cidades inteligentes : As cidades de todo o mundo estão a implementar tecnologia inteligente para melhorar a vida urbana. Os esforços das cidades inteligentes utilizam sensores IoT (Internet das Coisas), análise de dados e automação para melhorar o fluxo de tráfego, aumentar a segurança pública e gerir os recursos de forma mais eficaz. O Songdo International Business District na Coreia do Sul é um projeto de infra-estruturas bem conhecido. Incorpora tecnologia inteligente para proporcionar um ambiente urbano eficiente e amigo do ambiente, com características como a gestão automática do lixo. gestão automática do lixo, sistemas de transporte inteligentes e estruturas energeticamente eficientes. Tecnologia 5G

Avanços: A adoção da tecnologia 5G marca um grande passo em frente na comunicação sem fios. Com velocidades mais elevadas, latência reduzida e melhor ligação, o 5G permite a inovação numa variedade de sectores, incluindo os cuidados de saúde, a educação e o fabrico.

Projeto de infra-estruturas: Países como a Coreia do Sul, a China e os Estados Unidos têm estado na vanguarda do desenvolvimento de infra-estruturas 5G, lançando redes que suportam a Internet de alta velocidade e a proliferação de dispositivos IoT.

Redes ferroviárias de alta velocidade

Avanços: As redes ferroviárias de alta velocidade estão a transformar os transportes, proporcionando uma alternativa sustentável e eficiente aos meios tradicionais. A tecnologia de levitação magnética (Maglev) está a ser desenvolvida para atingir velocidades ainda mais elevadas.

Projeto de infra-estruturas: O comboio Maglev em Xangai, na China, representa uma tecnologia ferroviária de ponta. Com velocidades superiores a 430 km/h (267 mph), é um modo de transporte rápido e ecologicamente benéfico.

Infra-estruturas de energias renováveis

Os avanços na tecnologia das energias renováveis ajudam a criar um futuro mais sustentável. Os projectos de energia solar e eólica estão a tornar-se mais eficientes e rentáveis, o que resulta numa maior aceitação a   nível   mundial.

Projeto de infra-estruturas: A central de energia solar do Complexo Noor de Marrocos é uma das maiores centrais de energia solar concentrada (CSP) do mundo. Utiliza o poder do sol para criar energia, minimizando a dependência   de   recursos   não   renováveis.
Transporte Hyperloop

A tecnologia Hyperloop promete transporte de alta velocidade através de tubos de baixa pressão, permitindo uma velocidade quase supersónica. A propulsão magnética e a menor resistência do ar prometem viagens mais rápidas   e   mais   eficientes   em   termos   energéticos.
Projeto de infra-estruturas: Várias empresas, nomeadamente a Virgin Hyperloop, estão atualmente a tentar criar sistemas de transporte Hyperloop. Pistas de teste e estudos de viabilidade demonstram o potencial   para   revolucionar   as   viagens   de   longa   distância.
Centros de dados subaquáticos

Avanços: O Projeto Natick da Microsoft investiga a viabilidade de centros de dados subaquáticos. Estas instalações subterrâneas utilizam a água salgada circundante para arrefecer, diminuindo o consumo de energia e o efeito   ambiental.
Projeto de infra-estruturas: O projeto de investigação Natick estabeleceu um centro de dados subaquático totalmente operacional ao largo da costa de Orkney, na Escócia. Este projeto revelou a viabilidade do armazenamento e processamento de dados com eficiência energética.
Constelações de Internet baseadas no espaço

Avanços: Empresas como a SpaceX, com a Starlink e a OneWeb, estão a instalar constelações de satélites para fornecer conetividade à Internet a nível mundial. Esta técnica foi concebida para fornecer ligação à Internet de alta velocidade em locais distantes e mal servidos.

Projeto de infra-estruturas: A implantação atual de constelações de satélites implica o lançamento de milhares de pequenos satélites na órbita terrestre baixa. Estes projectos representam um grande passo para colmatar o fosso digital a nível mundial.
 Explorações agrícolas verticais

Avanços: A agricultura vertical utiliza tecnologias agrícolas inovadoras para cultivar culturas em camadas empilhadas verticalmente. Maximiza o espaço.
 A agricultura tradicional é mais eficiente, utiliza menos água e tem um menor efeito ambiental.

As instalações da AeroFarms em Newark, Nova Jérsia, são um exemplo de inovação agrícola vertical. Utiliza tecnologia aeropónica e iluminação LED para produzir culturas num ambiente interior controlado, dando assim resposta às preocupações alimentares urbanas. Estes exemplos demonstram a interação dinâmica da tecnologia e das infra-estruturas, realçando a forma como as iniciativas criativas estão a influenciar o futuro do nosso mundo interligado. Desde as cidades inteligentes até à Internet espacial, estes desenvolvimentos não só estão a aumentar a eficiência e a ligação, como também estão a abordar preocupações globais críticas de uma forma sustentável e inclusiva. Estudos de casos de iniciativas bem-sucedidas que promovem a industrialização   sustentável
Vários estudos de casos destacam programas bem-sucedidos que incentivam a industrialização sustentável, ilustrando como formas inovadoras podem impulsionar o crescimento económico e, ao mesmo

tempo, reduzir os efeitos ambientais. Estas actividades são consistentes com o Objetivo de Desenvolvimento Sustentável 9, que procura promover uma industrialização inclusiva e sustentável. Eis alguns exemplos famosos: A Dinamarca adoptou a noção de uma economia circular, centrando-se na redução de resíduos e na eficiência dos recursos. O sector industrial do país está fortemente envolvido em actividades de reciclagem, reutilização e refabricação.

Resultados: Este programa resultou na adoção de técnicas industriais sustentáveis, como os sistemas de fabrico em circuito fechado. O apoio do governo dinamarquês à investigação e inovação em soluções de economia circular impulsionou o país para a vanguarda dos esforços de industrialização sustentável a nível mundial.

Energias renováveis no sector industrial da Alemanha: O projeto Energiewende (transição energética) centra-se na transição para fontes de energia renováveis. O sector industrial tem sido um participante ativo, utilizando métodos de energia sustentável como a energia eólica, solar e a biomassa. Resultados: A utilização de energias renováveis nas operações industriais reduziu as emissões de gases com efeito de estufa e os preços da energia. A dedicação da Alemanha à produção sustentável serve de exemplo para outros países que procuram mudar para energias limpas.

A Coligação para o Vestuário Sustentável (SAC) desenvolveu o Índice Higg, um instrumento normalizado para analisar as implicações ambientais e sociais dos artigos de vestuário e calçado ao longo de toda a sua   vida   útil.
 Resultados: O Índice Higg ajuda as empresas de moda a examinar e a melhorar a sustentabilidade das suas redes de aprovisionamento. Este projeto promove práticas sustentáveis, transparência e responsabilidade,

com o objetivo de tornar o sector do vestuário mais sustentável e responsável.

Resultados: Os processos de fabrico sustentáveis da Toyota resultaram em reduções consideráveis na utilização de energia, na produção de resíduos e nas emissões. A dedicação da empresa ao desenvolvimento e inovação contínuos exemplifica a compatibilidade das práticas sustentáveis com o sucesso industrial.

Acreditação Cradle to Cradle na Herman Miller: A Herman Miller, uma empresa de mobiliário, adoptou a acreditação Cradle to Cradle (C2C), que garante que os seus produtos são construídos de forma a serem recicláveis e sustentáveis do ponto de vista ambiental.

Resultados: O programa C2C ajudou a Herman Miller a desenvolver produtos que são seguros para a saúde humana e ambiental. Ele não apenas reduziu o efeito ambiental de suas operações, mas também aumentou a imagem da empresa como pioneira em design sustentável.

A Costa Rica criou um sistema de certificação de edifícios ecológicos para promover técnicas de construção sustentáveis. O programa dá ênfase à eficiência energética, à conservação da água e à utilização de produtos amigos do ambiente.

Resultados: O esforço resultou no desenvolvimento de edifícios ecologicamente adequados, minimizando assim o impacto ambiental do sector da construção. A dedicação da Costa Rica à construção ecológica é consistente com os seus objectivos gerais de sustentabilidade.

O sector do alumínio da Islândia passou a utilizar fontes de energia renováveis, nomeadamente a geotérmica e a hidroelétrica, para alimentar as suas operações.

Resultados: A indústria de alumínio da Islândia reduziu drasticamente o seu impacto no carbono através da utilização de energias renováveis. Este programa demonstra a viabilidade de ligar a indústria de energia intensiva a fontes de energia renováveis. Estes estudos de caso mostram que a industrialização sustentável é possível com abordagens criativas, alianças inteligentes e uma dedicação à responsabilidade ambiental e social. À medida que os sectores mudam, os esforços bem-sucedidos fornecem informações úteis para aqueles que procuram conciliar o crescimento económico e a sustentabilidade ambiental.

CAPÍTULO 9

Objetivo 10 - Reduzir a desigualdade

Dhiraj Singh Rawat

Departamento de Informática

NIET, Greater Noida, Uttar Pradesh, Índia

Jyoti Kataria

Escola de Engenharia e Tecnologia

K. R. Mangalam University, Gurugram, Haryana, Índia

Introdução

O Objetivo de Desenvolvimento Sustentável (ODS) 10, "Reduzir a Desigualdade", é um compromisso mundial para combater as disparidades generalizadas e crescentes dentro dos países e entre eles. Este objetivo reconhece que a desigualdade, nas suas diferentes manifestações, trava o progresso social e o crescimento económico, impedindo a criação de comunidades sustentáveis e inclusivas. O ODS 10 delineia uma estratégia complexa para reduzir as disparidades com base no rendimento, género, idade, deficiência, raça, etnia e outros critérios.

Este objetivo baseia-se no compromisso de capacitar e incentivar a inclusão social, económica e política de todas as pessoas, independentemente da sua origem. A orientação das políticas e iniciativas para as pessoas mais vulneráveis é uma componente crítica do ODS 10, garantindo que ninguém fica para trás. Os esforços para atenuar a desigualdade incluem o aumento da presença das nações em desenvolvimento nos processos de tomada de decisões a nível mundial.

O ODS 10 visa tornar o mundo mais justo e equitativo, enfrentando os desafios estruturais que contribuem para a desigualdade, tais como leis e práticas discriminatórias, sistemas de segurança social insuficientes e acesso limitado à educação e aos cuidados de saúde. Por último, o objetivo é promover a coesão social, a estabilidade económica e o crescimento a longo prazo, eliminando as disparidades existentes entre os vários grupos e incentivando a prosperidade partilhada.

Desafios da desigualdade global

As disparidades de rendimento, de oportunidades e de riqueza colocam problemas significativos à escala mundial, reflectindo desigualdades sistémicas que impedem o bem-estar e o progresso individual e social. A desigualdade de rendimentos é a distribuição desigual de rendimentos entre indivíduos ou grupos, que é frequentemente agravada por factores como o acesso desigual à educação, práticas discriminatórias de contratação e discrepâncias nas políticas económicas.

As lacunas de oportunidades assumem muitas formas, incluindo o acesso desigual à educação, aos cuidados de saúde, ao emprego e aos serviços sociais. Estas discrepâncias são frequentemente causadas por injustiças passadas, discriminação e preconceitos institucionais que limitam as possibilidades acessíveis a grupos específicos em função de critérios como a raça, o sexo, a etnia e a posição socioeconómica. Estas disparidades conduzem a um ciclo de desvantagem em que os indivíduos de grupos sub-representados se deparam com obstáculos para atingir o seu pleno potencial. As disparidades de riqueza referem-se à distribuição desigual de bens e recursos numa população. Os indivíduos que acumulam dinheiro têm maiores perspectivas de mobilidade económica, educação e uma melhor qualidade de vida. No entanto, as injustiças do passado e a legislação discriminatória podem limitar o acesso de certos grupos a oportunidades de acumulação de riqueza, mantendo gerações de pobreza. Estas discrepâncias têm implicações de grande alcance para a coesão social, a estabilidade económica e o progresso geral da sociedade. Elevados níveis de disparidade de rendimentos e de riqueza podem provocar agitação social, uma vez que as pessoas vulneráveis se sentem excluídas das vantagens do desenvolvimento económico. Além disso, as discrepâncias de oportunidades minam os conceitos de igualdade de direitos e asfixiam o potencial coletivo das sociedades, restringindo as contribuições das pessoas que encontram obstáculos à realização.

Para resolver estas discrepâncias, são necessários métodos amplos e sistémicos, tais como intervenções governamentais, mudanças sociais e programas que promovam a inclusão e a igualdade de oportunidades. A colaboração global é fundamental para abordar as principais causas dessas lacunas e criar uma sociedade mais equitativa na qual todos, independentemente da origem, tenham a oportunidade de prosperar. Importância da redução da desigualdade para o desenvolvimento sustentável A redução da desigualdade é fundamental para alcançar o desenvolvimento sustentável porque actua como um elemento fundamental para estabelecer um mundo mais justo, resistente e harmonioso. A desigualdade, seja em termos de riqueza, educação, cuidados de saúde ou oportunidades, corrói a coesão social, impedindo simultaneamente o progresso económico e a sustentabilidade ambiental. Combater a desigualdade é uma obrigação moral porque promove a ideia de igualdade de direitos e oportunidades para todas as pessoas, independentemente da sua origem. A redução das desigualdades promove comunidades inclusivas em que pessoas de todas as origens podem atingir o seu pleno potencial, fomentando um sentimento de pertença e de responsabilidade partilhada. Além disso, quando os grupos desfavorecidos têm acesso à educação e a oportunidades económicas, tornam-se participantes activos no processo de desenvolvimento, quebrando o ciclo da pobreza e contribuindo para o bem-estar da comunidade. A redução das desigualdades tem o potencial de estimular o crescimento económico a longo prazo. Quando o dinheiro e os recursos são divididos de forma mais equitativa, uma maior percentagem da população tem acesso à educação, aos cuidados de saúde e às possibilidades de empreendedorismo, o que resulta numa mão de obra mais competente e produtiva. Isto, por sua vez, estimula a produção económica e a inovação, resultando numa estabilidade a longo prazo. A sustentabilidade ambiental está indissociavelmente ligada à redução da desigualdade. A deterioração ambiental e as alterações climáticas afectam por vezes de forma desproporcionada os grupos marginalizados. Ao minimizar as desigualdades, podemos garantir que as pessoas desfavorecidas são capazes de se adaptar aos problemas ambientais e adotar comportamentos sustentáveis.

A nível mundial, a eliminação das desigualdades é fundamental para cumprir os Objectivos de Desenvolvimento Sustentável (ODS) da ONU. Está associada a uma série de objectivos, incluindo a erradicação da pobreza, a saúde e o bem-estar excelentes, a educação de qualidade e a igualdade de género. Essencialmente, o valor da redução da desigualdade decorre da sua capacidade transformadora de criar uma sociedade em que cada indivíduo tem a oportunidade de ter sucesso, contribuindo assim para um futuro sustentável e de sucesso para todos.

Metas e indicadores do ODS 10

O ODS 10, "Reduzir a Desigualdade", estabelece uma série de objectivos que abordam vários elementos da desigualdade, com ênfase nos factores de rendimento, sociais e políticos. Os objectivos procuram promover oportunidades equitativas, a inclusão social e a capacitação de todos, com especial ênfase nas populações vulneráveis e excluídas. Segue-se uma análise de vários objectivos significativos, juntamente com uma avaliação dos progressos e desafios:

Meta 10.1: Até 2030, alcançar e manter o crescimento do rendimento dos 40% mais pobres da população a um ritmo mais rápido do que a média nacional. Progresso: É difícil acompanhar o crescimento do rendimento dos 40% mais pobres, embora algumas nações tenham estabelecido sistemas fiscais progressivos e programas de assistência social. Desafios: As disparidades económicas globais permanecem e factores como a globalização e as melhorias tecnológicas exacerbam a desigualdade de rendimentos.

Meta 10.2: Até 2030, capacitar e promover a inclusão social, económica e política de todas as pessoas, independentemente da idade, sexo, deficiência, cor, etnia, origem, religião ou nível socioeconómico.

Algumas regiões registaram progressos no sentido de proporcionar às pessoas desfavorecidas um melhor acesso à educação, aos cuidados de saúde e às oportunidades de emprego. Foram feitas tentativas para erradicar a legislação e as práticas discriminatórias. Desafios: A discriminação continua a impedir a plena participação e os obstáculos à educação, aos cuidados de saúde e ao emprego continuam a basear-se no género, na etnia e noutros critérios.

Meta 10.3: Garantir a igualdade de oportunidades e diminuir as disparidades de resultados, nomeadamente através da revogação de leis, políticas e práticas discriminatórias e do incentivo a legislação, políticas e acções adequadas a este respeito. Progresso: Alguns países adoptaram legislação para abolir os preconceitos. As iniciativas promovem a igualdade de oportunidades.

Desafios: Os comportamentos e políticas discriminatórios continuam a impedir o progresso em direção a oportunidades e resultados equitativos.

Meta 10.4: Implementar medidas, especialmente fiscais, salariais e programas de proteção social, para alcançar gradualmente mais igualdade.

Progressos: Alguns governos estabeleceram políticas fiscais e medidas de proteção social para combater a desigualdade.

questões: Os sistemas económicos globais e as questões de implementação de políticas impedem o progresso no sentido de uma maior igualdade.

Meta 10.5: Melhorar a regulamentação e a supervisão dos mercados e instituições financeiras mundiais, bem como reforçar a sua aplicação.

Progresso: Foram tomadas medidas para melhorar a regulamentação financeira e resolver problemas como a evasão fiscal e os fluxos de dinheiro ilegais.

Os desafios incluem lacunas no sistema financeiro mundial que conduzem à concentração da riqueza. A colaboração internacional em matéria de regras financeiras depara-se com dificuldades. Meta 10.6: Aumentar a representação e a voz das nações em desenvolvimento na tomada de decisões em organizações económicas e financeiras internacionais globais, resultando em instituições mais eficazes, credíveis, responsáveis e legítimas.

Progresso: Embora tenham sido envidados esforços para alargar a representação, continuam a existir disparidades de poder.

Desafios: A resistência a melhorias nas instituições de tomada de decisão impede uma representação equitativa.

Meta 10.7: Incentivar a migração e a mobilidade das pessoas de forma ordenada, segura, regular e responsável, incluindo a adoção de políticas de migração bem planeadas. Progresso: Algumas nações implementaram regras para promover a migração segura, e as remessas contribuem consideravelmente para as economias.

Desafios: A migração irregular, o tráfico de seres humanos e a discriminação contra os migrantes continuam. A aplicação de uma política global em matéria de migração é problemática.

Meta 10.8: Até 2030, garantir que as nações em desenvolvimento estejam representadas em pé de igualdade na tomada de decisões nas organizações económicas e financeiras mundiais. Progresso: Embora tenham sido envidados esforços para alargar a representação, continuam a existir disparidades de poder.

Desafios: Os países em desenvolvimento continuam a estar sub-representados na governação económica mundial.

O Objetivo de Desenvolvimento Sustentável 10 (ODS 10), "Reduzir a Desigualdade", é um conjunto abrangente de objectivos que visam criar uma sociedade mais justa a nível económico, social e político. Os objectivos variam desde a redução das disparidades financeiras até ao aumento da inclusão social e ao reforço dos grupos desfavorecidos. O primeiro conjunto de objectivos (10.1-10.4) centra-se em elementos económicos, com o objetivo de alcançar um crescimento sustentado do rendimento para os 40% mais pobres da população, eliminando leis e políticas discriminatórias e implementando medidas orçamentais para promover uma maior igualdade. Embora tenham sido feitos progressos, continuam a existir sistemas económicos globais e problemas de aplicação das   políticas.

A inclusão social é sublinhada pelos objectivos (10.2 e 10.3), que defendem a capacitação e a inclusão de todas as pessoas, independentemente da sua origem, e a eliminação de comportamentos discriminatórios. Embora tenham sido feitos progressos na melhoria do acesso à educação, aos cuidados de saúde e ao emprego, existem ainda obstáculos na abordagem dos preconceitos e restrições crónicos. As metas 10.5 e 10.6 centram-se na regulação dos mercados e instituições financeiras globais, defendendo reformas e uma participação justa para os países em desenvolvimento. Foram feitas tentativas para melhorar a legislação financeira, mas continuam a existir lacunas e a oposição a revisões nos processos de tomada de decisões impede uma representação justa.

A meta 10.7 aborda a migração, incentivando os governos a apoiar uma migração segura e responsável. Embora tenham sido alcançados progressos em determinadas áreas, subsistem dificuldades como a migração irregular e os comportamentos discriminatórios. Por último, a Meta 10.8 sublinha a importância de uma participação justa das nações emergentes nas organizações económicas e financeiras mundiais. Apesar das tentativas, as assimetrias de poder persistem, impedindo a realização completa deste objetivo. O ODS 10 visa promover uma sociedade global justa e inclusiva, combatendo as desigualdades económicas, fomentando a inclusão social, regulando as instituições financeiras e promovendo uma representação equitativa. Embora tenham sido feitos progressos, os problemas persistentes realçam o esforço contínuo necessário para atingir o objetivo mais amplo de reduzir a desigualdade até 2030.

Inovações para a inclusão social

A redução da desigualdade requer uma estratégia multifacetada que inclua políticas e iniciativas a nível local, nacional e internacional. Seguem-se alguns exemplos de programas e tácticas que visam abordar e melhorar a desigualdade.

Políticas fiscais progressivas

Explicação: A tributação progressiva consiste em tributar os rendimentos mais elevados com taxas mais altas, o que resulta numa distribuição mais equitativa da riqueza. Garante que as pessoas com maiores recursos financeiros pagam proporcionalmente mais para o bem público. Por exemplo, o sistema sueco de imposto progressivo sobre o rendimento inclui muitas categorias, sendo que as pessoas com rendimentos mais elevados pagam uma maior percentagem dos seus rendimentos em impostos.

Programas de assistência social

Explicação: Os programas abrangentes de proteção social tentam criar uma rede de segurança para as comunidades desfavorecidas, dando acesso aos serviços necessários. Os exemplos incluem os cuidados de saúde, a educação e a proteção social. Estas iniciativas procuram reduzir o impacto das desigualdades económicas nas pessoas e nas famílias. Os países nórdicos, como a Dinamarca, têm fortes programas de proteção social, que incluem cuidados de saúde universais, educação gratuita e subsídio   de   desemprego.

Legislação sobre o salário mínimo

Explicação: A lei do salário mínimo estabelece um salário mínimo que as empresas devem pagar aos seus trabalhadores, eliminando a exploração do trabalho mal pago e ajudando a reduzir a disparidade de rendimentos.

Por exemplo, nos Estados Unidos, a campanha "Fight for $15" defende um salário mínimo de 15 dólares por hora, com o objetivo de retirar da pobreza os trabalhadores com baixos rendimentos.

Iniciativas para a igualdade de género

Explicação: As políticas que promovem a igualdade de género abordam as desigualdades salariais, as oportunidades de emprego e as responsabilidades sociais. Pretendem criar uma atmosfera em que homens e mulheres tenham igual acesso a recursos e oportunidades.

Por exemplo, a abordagem proactiva da Islândia inclui legislação que garante a igualdade de remuneração entre homens e mulheres, a licença de maternidade e tentativas de aumentar a participação das mulheres em cargos de liderança.

Acesso à educação e acessibilidade económica

Explicação: Proporcionar um acesso equitativo a uma educação de qualidade, especialmente a um ensino superior barato, é fundamental para pôr termo ao ciclo de desigualdade entre gerações. A educação é um dos principais   factores   de   mobilidade   social. O programa "Bolsa Família" do Brasil combina transferências de dinheiro com   requisitos   de   frequência escolar para combater as desvantagens económicas e educacionais.

Iniciativas de habitação a preços acessíveis

As políticas relativas à acessibilidade da habitação procuram garantir que uma população variada tenha acesso a casas seguras e a preços acessíveis. Uma habitação estável é essencial para o bem-estar individual e familiar.

Singapura, por exemplo, tem uma política de habitação pública que proporciona aos habitantes habitações baratas e de elevada qualidade, contribuindo assim para a estabilidade social e para a redução das desigualdades.

Microfinanciamento e apoio ao empreendedorismo

Explicação: O microfinanciamento é a prática de conceder empréstimos modestos a indivíduos, especialmente de grupos desfavorecidos, a fim de criar ou desenvolver pequenas empresas. Isto permite que os indivíduos criem rendimentos e melhorem a sua situação financeira.

O Grameen Bank, no Bangladesh, foi pioneiro no microfinanciamento, promovendo o empreendedorismo e o desenvolvimento económico, sobretudo entre as mulheres das zonas rurais. Programas de desenvolvimento comunitário Explicação: As iniciativas de desenvolvimento comunitário centram-se em infra-estruturas, cuidados de saúde e desenvolvimento de competências, com o objetivo de melhorar comunidades inteiras e reduzir as desigualdades de recursos. Por exemplo, o BRAC no Bangladesh desenvolve iniciativas holísticas de desenvolvimento comunitário que incluem educação, cuidados de saúde e possibilidades económicas para melhorar o bem-estar geral.

Cooperação global para o alívio da dívida

Explicação: As iniciativas de alívio da dívida nos países pobres implicam a colaboração internacional para reduzir os encargos da dívida, libertar recursos para serviços importantes e promover uma economia global mais justa.

Por exemplo, a Iniciativa a favor dos Países Pobres Altamente Endividados (HIPC) e a Iniciativa de Suspensão do Serviço da Dívida (DSSI) procuram aliviar o peso da dívida, promovendo simultaneamente a estabilidade económica e o desenvolvimento.

Práticas de responsabilidade social das empresas (RSE)

A RSE refere-se a empresas que adoptam práticas éticas e socialmente responsáveis, tais como normas laborais justas, sustentabilidade ambiental e aprovisionamento ético. Isto promove práticas económicas mais equitativas e sustentáveis.
A Patagonia, por exemplo, dá prioridade ao abastecimento ético e aos processos sustentáveis, assegurando que as suas operações comerciais estão em conformidade com o seu compromisso de responsabilidade social e ambiental. A Unilever é conhecida pelo seu Plano de Vida Sustentável, que aborda as preocupações sociais e ambientais através das suas actividades económicas.

Estudos de caso de iniciativas bem sucedidas que promovem a inclusão social (Kakenya Center for Excellence, Quénia)

Iniciativa: Kakenya Ntaiya criou o Kakenya Center for Excellence, uma escola residencial para raparigas em Enoosaen, no Quénia. O seu objetivo é capacitar as raparigas Maasai através da educação e promover a igualdade de género.

Factores de sucesso: A KCE oferece uma atmosfera segura e amigável, educação completa e aborda as convenções culturais que podem impedir as mulheres de concluir a sua educação. Como resultado, a campanha aumentou o número de inscrições e melhorou o desempenho académico das mulheres.

Sistema - Venezuela

El Sistema é um programa de educação musical financiado pelo Estado na Venezuela que se esforça por levar a inclusão social e o desenvolvimento comunitário aos estudantes, em particular aos de famílias com baixos rendimentos, através da formação sinfónica. Factores de sucesso: O Sistema promoveu eficazmente a inclusão social ao tornar o ensino da música acessível a todos, independentemente da posição socioeconómica. O programa produziu músicos de classe mundial ao mesmo tempo que incutiu um sentimento de comunidade e disciplina nos seus membros. Slum Dwellers International (SDI) - Índia, África do Sul.

A SDI é uma rede de grupos de base comunitária em vários países, nomeadamente na Índia e na África do Sul, dedicada a melhorar as condições de vida dos habitantes dos bairros de lata através de projectos de desenvolvimento urbano inclusivo. Factores de sucesso: A SDI dá prioridade ao desenvolvimento liderado pela comunidade, permitindo que os residentes dos bairros degradados participem nos processos de tomada de decisões. Este método resultou na melhoria da habitação, do saneamento e das infra-estruturas em muitos bairros degradados, promovendo a inclusão social e a resiliência.

Autocarro mágico - Índia

A Magic Bus é uma organização sem fins lucrativos da Índia que utiliza o desporto para promover o desenvolvimento social e emocional de crianças e jovens de regiões carenciadas.

Factores de sucesso: Ao integrar actividades desportivas com orientação e formação em competências para a vida, o Magic Bus envolveu e capacitou eficazmente jovens economicamente desfavorecidos, especialmente do sexo feminino. O esforço resultou num aumento da autoestima, do sucesso escolar e da união da comunidade.
Reabilitação baseada na comunidade (RBC) - Indonésia

Iniciativa: As iniciativas de RBC na Indonésia têm por objetivo integrar as pessoas com deficiência nas suas comunidades, eliminando as barreiras físicas e sociais à inclusão.

Factores de sucesso: Através do envolvimento da comunidade, educação e serviços de saúde, os projectos de RBC na Indonésia ajudaram a mudar as atitudes em relação aos indivíduos com deficiência. Isso resultou num maior envolvimento da comunidade, bem como em melhores oportunidades de educação e emprego.
Orçamento Participativo - Porto Alegre, Brasil

Porto Alegre adoptou o orçamento participativo, que permite aos indivíduos participarem diretamente nas decisões sobre as dotações orçamentais municipais.
Factores de sucesso: Ao incluir os cidadãos na tomada de decisões, Porto Alegre fortaleceu efetivamente as populações desfavorecidas. O projeto resultou na melhoria dos serviços públicos, das infra-estruturas e das actividades sociais, gerando um sentimento de apropriação e de inclusão entre os residentes.

Sakhi para mulheres do Sul da Ásia - EUA

Iniciativa: A Sakhi é uma organização sem fins lucrativos dos Estados Unidos que visa combater os maus tratos domésticos e promover a igualdade de género na comunidade sul-asiática. Factores de sucesso: A Sakhi oferece serviços de apoio culturalmente sensíveis, iniciativas de defesa e participação comunitária. O sucesso da organização decorre de sua capacidade de criar um ambiente seguro para o discurso, desafiar as normas culturais que perpetuam a violência e fornecer aos sobreviventes ferramentas para ajudá-los a reconstruir suas vidas.

CAPÍTULO 10

Objetivo 11 - Cidades e comunidades sustentáveis

Jyoti Kataria

Escola de Engenharia e Tecnologia

K. R. Mangalam University, Gurugram, Haryana, Índia

Vijay Singh

Escola de Engenharia e Tecnologia Amity

Universidade de Amity, Noida, UP, Índia

Introdução

O ODS 11 (Objetivo de Desenvolvimento Sustentável 11) procura salvaguardar a sustentabilidade das cidades e comunidades em resposta à crescente tendência global de urbanização. Dado que as cidades albergam a grande maioria da população mundial, o objetivo é promover comunidades inclusivas, seguras, resistentes e sustentáveis. O ODS 11 aborda uma variedade de questões relacionadas com a urbanização crescente, incluindo habitação inadequada, infra-estruturas insuficientes e danos ambientais. O ODS 11 enfatiza a conceção urbana inclusiva que satisfaz as necessidades de todos os cidadãos, independentemente do seu nível socioeconómico ou antecedentes. Isto inclui a disponibilização de habitação barata, transportes acessíveis e espaços verdes para melhorar a qualidade de vida em geral. Além disso, o objetivo é reforçar a resistência das cidades a catástrofes naturais e provocadas pelo homem através de uma boa conceção urbana e do desenvolvimento de infra-estruturas. A sustentabilidade é um elemento-chave do ODS 11, que incentiva as cidades a utilizarem métodos e tecnologias respeitadores do ambiente para reduzir o seu efeito ambiental. Isto implica o aumento da eficiência energética, a redução dos resíduos e a utilização de fontes de energia renováveis. A urbanização sustentável não só reduz as alterações climáticas, como também melhora o bem-estar dos residentes urbanos. O ODS 11 também pede a proteção dos bens culturais dentro das cidades, enfatizando o valor dos locais históricos e dos costumes. As cidades que promovem a variedade cultural podem gerar ambientes vivos e dinâmicos que reflectem a amplitude da experiência humana. O ODS 11 define objectivos precisos e métricas para monitorizar o progresso. Estes incluem a proporção da população que vive em bairros degradados, o acesso a habitação segura e barata, o âmbito dos transportes públicos e a adoção de políticas que promovam a sustentabilidade e a resiliência no desenvolvimento urbano. Em resumo, o ODS 11 prevê as cidades como centros de sustentabilidade, inclusão e resiliência. Para atingir este objetivo, governos, urbanistas, empresas e comunidades devem trabalhar em conjunto para desenvolver cidades que sejam economicamente produtivas, ecologicamente sustentáveis e socialmente igualitárias. O ODS 11 visa criar cidades e comunidades prósperas para as gerações futuras através de um planeamento urbano abrangente e de soluções inovadoras.

Desafios da urbanização

Criar cidades e comunidades sustentáveis é uma tarefa difícil que exige a resolução de uma série de questões. Estas questões são causadas pela urbanização crescente, recursos limitados, desigualdades socioeconómicas e deterioração ambiental. Apresentamos de seguida um esboço de alguns problemas importantes relacionados com a criação de cidades e comunidades sustentáveis:

Urbanização rápida: A expansão sem precedentes da população urbana faz aumentar a procura de habitação, infra-estruturas e serviços. A urbanização rápida ultrapassa frequentemente a capacidade das comunidades para planear e satisfazer as necessidades das suas populações em crescimento.

Infra-estruturas inadequadas: Muitas cidades lutam para fornecer serviços básicos como transportes públicos fiáveis, água potável, saneamento e gestão de resíduos. As infra-estruturas inadequadas podem causar congestionamento do tráfego, poluição e problemas de saúde pública.

Escassez de habitação e bairros de lata: A procura de habitação barata e adequada excede frequentemente a oferta disponível, dando origem a aglomerados informais e bairros de lata. As condições inadequadas de habitação agravam a pobreza e as desigualdades socioeconómicas. Congestionamento do tráfego e poluição do ar: O aumento da urbanização provoca frequentemente congestionamentos de tráfego e elevados níveis de poluição. A insuficiência de alternativas de transporte público e a dependência dos automóveis particulares contribuem para a deterioração do ambiente e para os problemas de saúde pública.

Desigualdade e exclusão social: As cidades sustentáveis lutam pela inclusão, mas a desigualdade social continua a ser um problema sério. As disparidades no acesso à educação, aos cuidados de saúde, ao emprego e aos serviços públicos podem resultar em populações desfavorecidas e instabilidade social.

Vulnerabilidade às alterações climáticas: As cidades são vulneráveis aos efeitos das alterações climáticas, como a subida do nível do mar, as condições meteorológicas adversas e as ondas de calor. Um planeamento urbano inadequado e estratégias de resiliência podem agravar os perigos enfrentados pelas populações urbanas.

Gestão do lixo: A produção de lixo sólido nas cidades é uma grande preocupação. Sistemas ineficientes de gestão de resíduos poluem o ambiente, põem em perigo os ecossistemas e colocam em risco a saúde dos cidadãos.

Falta de áreas verdes: A urbanização resulta frequentemente numa diminuição das áreas verdes. A ausência de parques e locais de lazer tem um impacto negativo na saúde física e mental das pessoas, contribuindo para uma pior qualidade de vida. Acesso limitado aos cuidados de saúde e à educação: O acesso desigual aos cuidados de saúde e à educação nas cidades agrava as desigualdades socioeconómicas. Os serviços de saúde e educação de qualidade podem estar concentrados em alguns locais, deixando outros negligenciados.

Preservação do património cultural: É difícil equilibrar o crescimento urbano com a preservação do património cultural. A rápida urbanização pode resultar na destruição de marcos históricos e da variedade cultural, afectando a identidade de uma cidade. A governação eficaz e a execução de políticas são componentes essenciais do desenvolvimento urbano a longo prazo. As complicações políticas, a corrupção e os problemas de coordenação de esforços entre as partes interessadas constituem desafios. O planeamento e o desenvolvimento urbanos são fundamentais para alcançar a sustentabilidade, alterando o tecido físico, social e económico das cidades. À medida que a população mundial continua a urbanizar-se, com mais pessoas a viver nas cidades do que nunca, a necessidade de um planeamento urbano sustentável torna-se evidente. Saiba mais sobre a importância do planeamento e desenvolvimento urbanos para a sustentabilidade:

Eficiência de recursos e preservação ambiental: O planeamento urbano sustentável dá prioridade à eficiência dos recursos, a fim de diminuir o efeito ambiental das cidades. As cidades podem reduzir o consumo de energia, as emissões de gases com efeito de estufa e proteger os ecossistemas naturais através de um planeamento urbano compacto, sistemas de transporte eficientes e técnicas de construção ecológicas. As áreas urbanas bem planeadas também incentivam a biodiversidade e salvaguardam os recursos hídricos essenciais.

Resiliência às alterações climáticas: À medida que as cidades enfrentam os efeitos das alterações climáticas, tais como fenómenos meteorológicos extremos e o aumento das temperaturas, a conceção urbana sustentável torna-se uma ferramenta importante para criar resiliência. Isto inclui o desenvolvimento de infra-estruturas resistentes ao clima, a criação de infra-estruturas verdes para a gestão natural das águas pluviais e a aplicação de medidas de eficiência energética para diminuir a suscetibilidade.

Comunidades inclusivas e acessíveis: O desenvolvimento urbano sustentável dá ênfase a comunidades inclusivas em que todos os habitantes, independentemente do estatuto socioeconómico, têm acesso a serviços básicos, educação, cuidados de saúde e oportunidades de emprego. As cidades bem planeadas reduzem as desigualdades geográficas, proporcionam uma distribuição equitativa das instalações e promovem a coesão social. A conceção urbana para a sustentabilidade promove áreas transitáveis e sistemas

de transportes públicos eficientes.

Os projectos compactos e de utilização mista diminuem a necessidade de utilização frequente do automóvel, o que reduz o congestionamento do tráfego e a poluição. Os transportes públicos acessíveis não só reduzem o impacto ambiental, como também melhoram a ligação social e a produtividade económica.

Casas económicas e energeticamente eficientes: O desenvolvimento urbano sustentável incentiva a construção de casas económicas e energeticamente eficientes. Isto inclui a aplicação de normas de construção ecológicas, a utilização de fontes de energia renováveis e a conceção de habitações para reduzir o consumo total de energia. Os edifícios energeticamente eficientes ajudam as pessoas a poupar dinheiro nas suas contas de eletricidade e a reduzir o impacto ambiental da cidade.

Preservação do património cultural: O planeamento urbano é fundamental para equilibrar a modernidade e a preservação do património cultural. As cidades bem concebidas incorporam marcos históricos, salvaguardam áreas culturalmente significativas e promovem um sentimento de pertença. Esta integração promove uma ligação entre o passado e o presente, reforçando o tecido cultural da vida urbana. Prosperidade económica e inovação: O planeamento urbano sustentável promove o crescimento económico, incentivando a inovação e recrutando novas empresas. As cidades que dão prioridade à sustentabilidade tornam-se frequentemente pontos de acesso a tecnologias ecológicas, infra-estruturas inteligentes e práticas empresariais sustentáveis. Isto não só cria emprego, como também posiciona a cidade como líder económico mundial. A integração de infra-estruturas e tecnologias inteligentes é uma caraterística fundamental do desenvolvimento urbano sustentável. As cidades inteligentes utilizam dados e tecnologia para otimizar os serviços, aumentar a eficiência e melhorar a qualidade de vida geral dos cidadãos. Isto inclui sistemas de transporte inteligentes, redes inteligentes e plataformas digitais para a participação dos cidadãos.

O planeamento urbano sustentável dá ênfase à interação e participação da comunidade na tomada de decisões.

Processos. O planeamento inclusivo garante que as diferentes necessidades e preferências da comunidade sejam atendidas, resultando em paisagens urbanas mais resistentes, flexíveis e culturalmente sensíveis.

Habitabilidade e bem-estar a longo prazo: Por último, a relevância do planeamento urbano para a sustentabilidade consiste em criar cidades que sejam habitáveis e apoiem o bem-estar dos seus cidadãos a longo prazo. O desenvolvimento urbano sustentável encara as cidades como ambientes dinâmicos, resistentes e adaptáveis que melhoram a qualidade de vida das gerações actuais e futuras.

A conceção e o desenvolvimento urbanos sustentáveis são essenciais para a criação de cidades ecologicamente responsáveis, socialmente inclusivas e economicamente dinâmicas. À medida que o globo continua a urbanizar-se, as decisões de planeamento urbano terão uma influência significativa na sustentabilidade e resiliência das nossas cidades, bem como na trajetória geral do crescimento global. Equilibrar os requisitos actuais com os imperativos futuros é importante para desenvolver cidades que não sejam apenas sustentáveis, mas também vibrantes e resilientes face às dificuldades em mudança.

ODS 11: Metas e Indicadores

Meta 11.1: Habitação Acessível e Inclusiva.

Indicador 11.1.1: Proporção de residentes urbanos que vivem em bairros de lata ou assentamentos informais.

Progresso:

Melhoria global: As condições de habitação melhoraram e uma parte menor da população urbana vive atualmente em bairros de lata. As iniciativas que se concentram na habitação a preços acessíveis e na melhoria dos bairros de lata produziram excelentes resultados numa série de locais.

Medidas políticas: Algumas nações adoptaram políticas e iniciativas para oferecer habitação barata, o que contribui para o progresso deste objetivo.
Desafios:

A rápida urbanização cria problemas na satisfação da procura de habitação acessível e equitativa. Em certos locais, um planeamento urbano deficiente agrava os problemas de habitação.

As restrições financeiras e os recursos limitados impedem a realização de projectos de habitação em grande escala, especialmente nos países em desenvolvimento.

2.Objetivo 11.2: Transportes sustentáveis

Indicador 11.2.1: A proporção da população com acesso conveniente a transportes públicos.

Progresso:

Melhoria da acessibilidade: Foram envidados esforços para melhorar as infra-estruturas de transportes públicos, permitindo que uma maior proporção da população se desloque mais facilmente em determinadas regiões urbanas.

Algumas comunidades adoptaram alternativas de mobilidade inovadoras e sustentáveis, como programas de partilha de bicicletas, transportes públicos eléctricos e planeamento urbano favorável aos peões.

Desafios:

Infra-estruturas insuficientes: Muitas cidades continuam a debater-se com a criação e manutenção de uma infraestrutura de transportes públicos abrangente e eficiente. Uma infraestrutura inadequada pode reduzir a acessibilidade e contribuir para o congestionamento do tráfego. Dependência de automóveis particulares: A dependência dos automóveis particulares continua a ser um problema, resultando em congestionamento do tráfego, poluição do ar e aumento das emissões de carbono.

Meta 11.3: Planeamento e Gestão da Urbanização. Indicador 11.3.1: O rácio entre a taxa de consumo de terra e a taxa de crescimento da população.
Progresso:

Planeamento urbano sustentável: Algumas cidades avançaram na implementação de técnicas de planeamento urbano sustentável, que equilibram a utilização do solo com a expansão da população, o que pode ser conseguido através de um planeamento urbano compacto e de um desenvolvimento de utilização mista.

Iniciativas de construção ecológica: A implementação de iniciativas de construção ecológica ajudou a promover uma utilização mais sustentável dos solos em determinadas áreas metropolitanas.
Desafios:

Expansão urbana não planeada: A expansão urbana descontrolada é um problema que resulta numa utilização ineficiente dos solos e em potenciais danos ambientais. Um planeamento inadequado da utilização dos solos pode entravar o crescimento sustentável.

Atraso nas infra-estruturas: O ritmo lento do desenvolvimento de infra-estruturas em comparação com a urbanização crescente cria problemas na regulação bem sucedida do consumo de terras.

Meta 11.4: Património Cultural e Urbanização.

Indicador 11.4.1: Total das despesas governamentais e privadas per capita na preservação, proteção e conservação de todos os recursos culturais, classificados por tipo (tangíveis e intangíveis).

Progresso:

Esforços de preservação: Algumas cidades e nações fizeram investimentos financeiros e de colaboração para preservar e conservar o património cultural.

Projectos de património cultural: Os projectos de preservação do património cultural, tanto tangíveis (edifícios físicos) como intangíveis (tradições, línguas), ajudam a preservar a identidade e o carácter distintivo das regiões metropolitanas.

Desafios:

Afetação de recursos: A limitação dos recursos financeiros pode impedir tentativas abrangentes de preservação de vários elementos do património cultural.

Equilíbrio do crescimento: A manutenção de um equilíbrio entre o crescimento urbano e a preservação do património cultural continua a ser um problema, especialmente em áreas cada vez mais urbanizadas.

Meta 11.5: Redução do risco de catástrofes.

Indicador 11.5.1: Mortes relacionadas com catástrofes, pessoas desaparecidas e pessoas diretamente afectadas por 100.000 habitantes.

Progresso:

Preparação para catástrofes: A melhoria da preparação para catástrofes e dos sistemas de alerta precoce contribuiu para reduzir a gravidade das catástrofes em algumas áreas metropolitanas.

Resiliência da comunidade: As iniciativas que promovem a resiliência da comunidade e as técnicas de conceção urbana adaptáveis procuram diminuir o custo humano das catástrofes.

Desafios:

Riscos relacionados com o clima: A frequência e a intensidade crescentes dos fenómenos relacionados com o clima colocam dificuldades às áreas metropolitanas na redução do risco de catástrofes. Os aglomerados populacionais informais são particularmente vulneráveis às calamidades, o que dificulta a garantia da segurança das pessoas.

Meta 11.6: Qualidade do ar e gestão de resíduos Indicador 11.6.1: A proporção de lixo sólido urbano que é recolhido numa base regular e gerido de forma ecologicamente adequada. Progresso:

Melhoria da gestão de resíduos: Em certas áreas metropolitanas, os esforços para melhorar os métodos de gestão de resíduos mostraram resultados, com uma maior proporção de resíduos sólidos a ser recolhida e processada de uma forma ecologicamente responsável.

Esforços no domínio da qualidade do ar: As cidades envidaram esforços para resolver os problemas da qualidade do ar, como a legislação sobre emissões e a promoção de tecnologias limpas. Desafios:

Aumento da criação de resíduos: A rápida urbanização aumenta a criação de resíduos sólidos, dificultando a criação e o funcionamento de sistemas eficazes de gestão de resíduos.

 Hotspots de poluição atmosférica: Algumas áreas metropolitanas continuam a lidar com focos localizados de poluição atmosférica, frequentemente associados a operações industriais e a emissões significativas de automóveis.

Meta 11.7: Espaços verdes inclusivos e sustentáveis. Indicador 11.7.1: A percentagem média da área construída de uma cidade que é espaço aberto para uso público por todos, discriminada por género, idade e deficiência.

 Progresso:

 Aumento dos espaços verdes: Registaram-se progressos na expansão da disponibilidade de espaços verdes em algumas áreas metropolitanas, o que contribui para uma melhor qualidade de vida.

Conceção inclusiva: Algumas cidades implementaram conceitos de design urbano inclusivo, disponibilizando áreas verdes a todos os cidadãos, independentemente da idade, género ou capacidade.

Desafios:

 O acesso às zonas verdes é desigual, sobretudo nas comunidades economicamente desfavorecidas. Em certos locais, é difícil implementar uma conceção inclusiva.

 Pressão da urbanização: A pressão da urbanização pode resultar num declínio das áreas verdes, afectando o bem-estar geral dos habitantes urbanos.

 Meta 11.8: Espaços Públicos Seguros e Inclusivos.

Indicador 11.8.1: A proporção da população urbana exposta a níveis de qualidade do ar que não cumprem as Directrizes de Qualidade do Ar da Organização Mundial de Saúde (OMS).

Progresso:

Gestão da qualidade do ar: As cidades criaram sistemas para regular a qualidade do ar, com alguns resultados que revelam melhorias.

Segurança dos espaços públicos: As iniciativas que promovem espaços públicos seguros e inclusivos melhoram o bem-estar geral dos residentes urbanos.

Desafios:

Conformidade com a qualidade do ar: Manter a conformidade com as directrizes

da OMS sobre a qualidade do ar continua a ser difícil, especialmente em áreas metropolitanas altamente povoadas com elevados níveis de poluição.

Lacunas na segurança dos espaços públicos: Algumas regiões metropolitanas lutam para garantir a segurança e a inclusão dos locais públicos, o que tem um impacto na qualidade de vida das pessoas.

Objetivo 11.A: Apoio internacional aos países em desenvolvimento
Indicador 11.A.1: A proporção da despesa total do governo em serviços vitais (educação, saúde, saneamento, etc.) que vai para os pobres urbanos.
Progresso:
Ajuda externa: Algumas nações em desenvolvimento aceitam ajuda estrangeira para dedicar dinheiro a serviços cruciais para os pobres urbanos.

Integração de políticas: A incorporação das questões relativas à pobreza urbana na política nacional demonstra progressos na satisfação das necessidades das populações urbanas vulneráveis.
Desafios:

Recursos limitados: Nos países em desenvolvimento, a falta de recursos financeiros pode dificultar a afetação de dinheiro adequado aos serviços necessários para os pobres urbanos.

Coordenação e execução: As dificuldades em coordenar a assistência estrangeira e em assegurar a execução correcta dos programas podem entravar o desenvolvimento.
Meta 11.B: Urbanização Segura, Inclusiva e Resiliente.
Indicador 11.B.1: Percentagem de governos locais que desenvolvem e implementam planos locais de redução do risco de desastres, de acordo com as estratégias nacionais de redução do risco de desastres.

Progresso:
Redução de riscos localizada: Alguns governos locais adoptaram e executaram medidas de redução do risco de catástrofes que são coerentes com os quadros nacionais.

Envolvimento da comunidade: As iniciativas que incluem as comunidades locais na redução do risco de catástrofes promovem uma urbanização mais resiliente.
Desafios:
Capacitação: Uma capacidade inadequada a nível do governo local pode impedir o desenvolvimento e a implementação de programas eficazes de redução do risco de catástrofes.

Alinhamento com os planos nacionais: As actividades localizadas enfrentam obstáculos ao assegurar o alinhamento com os planos nacionais de redução do risco de catástrofes.
O Objetivo de Desenvolvimento Sustentável 11 visa criar cidades e comunidades inclusivas, resilientes e ecologicamente conscientes. Foram feitos progressos na melhoria das condições de habitação, no aumento dos

transportes públicos e na implementação de técnicas de design urbano sustentável. Os desafios permanecem, alimentados pela crescente urbanização, pelas restrições de recursos e pela necessidade de uma redução abrangente do risco de catástrofes. A preservação da história cultural e a criação de locais públicos seguros e inclusivos são fundamentais para a construção da identidade e do bem-estar da comunidade. A assistência internacional às nações pobres, bem como os métodos de resiliência a catástrofes localizadas, ajudam a atingir o objetivo. Para alcançar uma visão de cidades socialmente equitativas, economicamente prósperas e ambientalmente sustentáveis, precisamos de um compromisso sustentado, de colaboração e de soluções inovadoras para garantir a qualidade de vida das gerações actuais e futuras.

Inovações para a sustentabilidade urbana

As iniciativas e tecnologias de desenvolvimento urbano sustentável demonstram o desejo de construir cidades que valorizem a responsabilidade ambiental, a igualdade social e o crescimento económico. Um exemplo digno de nota é a implementação de tecnologias de cidades inteligentes para otimizar os serviços urbanos e aumentar a eficiência através da fusão de dados e soluções digitais. Os projectos de construção ecológica ajudam a melhorar a eficiência energética e a diminuir o efeito ambiental, resultando em estruturas amigas do ambiente que valorizam a sustentabilidade. Além disso, as medidas de transporte sustentável, como a criação de redes de transportes públicos eficientes e a promoção de automóveis eléctricos, procuram minimizar o congestionamento do tráfego e as emissões de carbono. A agricultura urbana e as iniciativas de infra-estruturas verdes são exemplos de esforços para reforçar a resistência ambiental das cidades através da incorporação da natureza no tecido urbano. Estas iniciativas ilustram coletivamente que o desenvolvimento urbano sustentável é possível através de novas tecnologias e programas abrangentes, promovendo comunidades que não só respondem às necessidades dos seus cidadãos, como também estão conscientes do seu efeito ambiental.

A Cidade de Masdar, em Abu Dhabi, é um projeto inovador de desenvolvimento urbano sustentável que pretende ser neutro em termos de carbono e não produzir resíduos. Combina energias renováveis, tecnologia de construção ecológica e soluções de transporte sustentáveis. A cidade de Masdar utiliza eletricidade solar, energia eólica e projectos de edifícios de elevada eficiência energética. A cidade promove um desenvolvimento urbano sensato, incluindo ruas amigas dos peões e uma concentração nos transportes públicos. A Missão Cidades Inteligentes na Índia tem como objetivo criar 100 cidades inteligentes que utilizem tecnologia e dados para melhorar a vida urbana. Estas cidades dão prioridade à sustentabilidade, a transportes urbanos eficientes e a serviços públicos melhorados. Características principais: As cidades inteligentes utilizam tecnologias como sensores IoT, análise de dados e redes inteligentes. As iniciativas incluem a gestão inteligente de resíduos, sistemas de tráfego inteligentes e a utilização de fontes de energia renováveis. O Projeto Breathe, Paris: O projeto Breathe, em Paris, pretende transformar uma antiga autoestrada num corredor verde que dá prioridade à sustentabilidade e à qualidade do ar. Principais características: O projeto irá incorporar jardins verticais, espaços verdes e zonas pedonais. O seu objetivo é melhorar o bem-estar dos cidadãos através da promoção de infra-estruturas verdes e de uma arquitetura urbana sustentável.

O Projeto Sidewalk Toronto é uma colaboração entre os Sidewalk Labs da Alphabet e a Waterfront Toronto que visa criar um bairro sustentável e tecnologicamente avançado.

Características principais: O conceito combina tecnologia de cidade inteligente, soluções de energia sustentável e arquitetura urbana criativa. Pretende construir um paradigma de desenvolvimento urbano que privilegie a sustentabilidade, a diversidade e a inovação digital.

Infraestrutura de Copenhaga amiga das bicicletas: Copenhaga é conhecida pela sua dedicação aos transportes sustentáveis, especialmente ao ciclismo. As infra-estruturas da cidade dão prioridade aos ciclistas e aos peões.

Características principais: Ciclovias dedicadas, programas de partilha de bicicletas e melhorias nas infra-estruturas amigas das bicicletas ajudam a reduzir as emissões de carbono e a promover um método de deslocação mais saudável e sustentável. O Projeto de Restauração Cheonggyecheon, em Seul, transformou um riacho urbano negligenciado num local público dinâmico que dá prioridade à sustentabilidade ambiental. Características principais: A reabilitação incluiu a remoção de uma estrada elevada e a restauração do riacho, resultando num parque linear com caminhos pedonais. A iniciativa melhorou a qualidade do ar, diminuiu os impactes da ilha de calor urbana e melhorou o ambiente urbano em geral.

A Iniciativa Roterdão Sustentável: Roterdão, conhecida pela sua resistência às alterações climáticas e dedicação à sustentabilidade, lançou vários projetos, tais como telhados verdes, design sustentável e planeamento urbano à prova do clima.

Características principais: As práticas sustentáveis de Roterdão incluem sistemas de gestão da água, edifícios energeticamente eficientes e iniciativas de ecologização urbana. A cidade demonstra como técnicas completas de sustentabilidade podem ser incluídas no desenvolvimento urbano.

O Songdo International Business District, na Coreia do Sul, é um projeto de cidade inteligente concebido com a sustentabilidade em mente. Utiliza tecnologia sofisticada para melhorar a eficiência e o desempenho ambiental.

As principais características de Songdo são os espaços verdes, os sistemas eficazes de gestão de resíduos e as infra-estruturas inteligentes. Centra-se em práticas sustentáveis, eficiência energética e ligação digital para criar um ambiente urbano contemporâneo e amigo do ambiente.

Estudos de caso sobre iniciativas bem-sucedidas para promover cidades resilientes e inclusivas Medellín, Colômbia: Transformação urbana Medellín enfrenta enormes problemas como a violência, a pobreza e a desigualdade socioeconómica, especialmente nos assentamentos informais.

Iniciativa: A cidade levou a cabo um plano abrangente de transformação urbana que incluiu a criação de espaços públicos criativos, sistemas de teleféricos que ligam aldeias nas encostas e investimentos em educação e cultura. As iniciativas urbanas de Medellín transformaram bairros desfavorecidos em lugares inclusivos, aumentando a coesão social e diminuindo as taxas de criminalidade. Os habitantes das zonas montanhosas beneficiaram do sistema de teleférico, que melhorou a mobilidade e a acessibilidade.

Copenhaga, Dinamarca: Infraestrutura amiga da bicicleta

Copenhaga procurou minimizar o congestionamento do tráfego, incentivar a mobilidade sustentável e melhorar a qualidade geral da vida urbana.

Iniciativa: A cidade fez investimentos significativos no desenvolvimento de uma rede abrangente de ciclovias exclusivas, serviços de partilha de bicicletas e zonas amigas dos peões.

Copenhaga é atualmente conhecida como uma das cidades mais amigas das bicicletas do mundo, com uma elevada percentagem de cidadãos que utilizam bicicletas para o transporte diário. Esta abordagem reduziu o congestionamento do tráfego, melhorando simultaneamente a qualidade do ar e a saúde pública.

Curitiba, Brasil - Planeamento urbano integrado

Curitiba enfrentou problemas como a rápida urbanização e a limitação do transporte público.

Iniciativa: A cidade estabeleceu um sistema inovador de bus rapid transit (BRT) que dá prioridade a transportes públicos eficientes e económicos. Curitiba também se concentrou na construção de espaços verdes e locais amigáveis para pedestres.

O sistema BRT tornou-se um modelo de transporte urbano sustentável, diminuindo o congestionamento do tráfego e aumentando a acessibilidade. As paisagens verdes, os parques e os espaços culturais melhoraram a qualidade de vida geral dos habitantes.

Singapura: Gestão da água e espaços verdes

Singapura, com a sua dimensão geográfica limitada, enfrentou problemas como as inundações e a necessidade de zonas verdes sustentáveis.

Iniciativa: A cidade criou um sistema integrado de gestão da água que incluía reservatórios, sistemas de drenagem e desenvolvimento urbano sustentável. Os Jardins da Baía e outras iniciativas proporcionaram mais vegetação e espaços de lazer.

Resultados: A estratégia de gestão dos recursos hídricos de Singapura diminuiu os riscos de inundação, enquanto as zonas verdes melhoraram o ambiente urbano, aumentando a resiliência e a habitabilidade da cidade.

Portland, Oregon - Desenvolvimento urbano sustentável

Portland queria reduzir a expansão urbana, encorajar o desenvolvimento sustentável e promover a diversidade.

Iniciativa: Para minimizar a expansão, a cidade estabeleceu limites de crescimento urbano, investiu em transporte público e incentivou o desenvolvimento de uso misto. Portland tornou-se um modelo de desenvolvimento urbano sustentável, dando ênfase às comunidades que podem ser percorridas a pé, aos transportes públicos e à habitação a preços acessíveis. Este método ajudou a criar uma cidade mais inclusiva e ecologicamente   sustentável.

 Barcelona, Espanha-Superblocos para a Resiliência Urbana

Barcelona enfrentou problemas como o congestionamento do tráfego, a poluição atmosférica e a limitação dos espaços públicos.

Iniciativa: A cidade foi pioneira na ideia dos "super quarteirões", que transformaram conjuntos de quarteirões em zonas amigas dos peões para promover o transporte sustentável e o envolvimento da comunidade.

Resultados: O programa dos superblocos melhorou a qualidade do ar, diminuiu o ruído do tráfego e criou áreas comunitárias activas. A estratégia de Barcelona sublinha a necessidade de redesenhar os ambientes urbanos para melhorar a resiliência e a inclusão.

Estes estudos de caso mostram que os programas eficazes para comunidades resilientes e inclusivas incluem frequentemente uma conceção urbana criativa, a participação da comunidade, opções de transporte sustentáveis e investimentos em áreas verdes e instalações públicas. Estas ideias ajudam a criar cidades que não são apenas amigas do ambiente, mas também socialmente inclusivas e resistentes a dificuldades futuras.

BIBLIOGRAFIA

1. Pearce, D. (2014). Blueprint 3: Measuring sustainable development. Routledge.

2. Buckler, C., & Creech, H. (2014). Moldando o futuro que queremos: Década das Nações Unidas da Educação para o Desenvolvimento Sustentável; relatório final. UNESCO.

3. Wals, A. E. (2012). Moldar a educação de amanhã: relatório completo de 2012 sobre a década da ONU da educação para o desenvolvimento sustentável. UNESCO.

4. Richardson, J. G., & Erdelen, W. R. (2021). 2030 é amanhã: Transformative change for a maltrated mother Earth. foresight, 23(3), 257-272.

5. Barbier, E. B., & Burgess, J. C. (2017). Os Objectivos de Desenvolvimento Sustentável e a abordagem sistémica da sustentabilidade. Economia, 11(1), 20170028.

6. Purcell, W. M., Henriksen, H., & Spengler, J. D. (2019). As universidades como motor da sustentabilidade transformacional para atingir os objectivos de desenvolvimento sustentável: "Living labs" para a sustentabilidade. Revista Internacional de Sustentabilidade no Ensino Superior, 20(8), 1343- 1357.

7. Barbier, E. B., & Markandya, A. (2013). Um novo projeto para uma economia verde. Routledge.

8. Valencia, S. C., Simon, D., Croese, S., Nordqvist, J., Oloko, M., Sharma, T., ... & Versace, I. (2019). Adaptação dos Objectivos de Desenvolvimento Sustentável e da Nova Agenda Urbana ao nível da cidade: Reflexões iniciais de um projeto de investigação comparativa. Revista Internacional de Desenvolvimento Urbano Sustentável, 11(1), 4-23.

9. Nilsson, M., Chisholm, E., Griggs, D., Howden-Chapman, P., McCollum, D., Messerli, P., ... & Stafford-Smith, M. (2018). Mapeamento das interações entre os objetivos de desenvolvimento sustentável: lições aprendidas e caminhos a seguir. Ciência da sustentabilidade, 13, 1489-1503.

10.Robert, K. W., Parris, T. M., & Leiserowitz, A. A. (2005). O que é desenvolvimento sustentável? Objectivos, indicadores, valores e prática. Environment: science and policy for sustainable development, 47(3), 8- 21.

11.Kabeer, N. (2003). Gender Mainstreaming in Poverty Eradication and the Millennium Development Goals (Integração do Género na Erradicação da Pobreza e nos Objectivos de Desenvolvimento do Milénio): A handbook for policy-makers and other stakeholders. Secretariado da Commonwealth.

12.Quental, N., Lourenco, J. M., & Da Silva, F. N. (2011). Política de desenvolvimento sustentável: objectivos, metas e ciclos políticos. Desenvolvimento Sustentável, 19(1), 15-29.

Printed by Books on Demand GmbH, Norderstedt / Germany